AF458587

VUES

SUR

LE SYSTÈME GÉNÉRAL DES OPÉRATIONS INDUSTRIELLES,

OU

PLAN DE TECHNONOMIE;

PAR M. CHRISTIAN,

Directeur du Conservatoire Royal des Arts et Métiers.

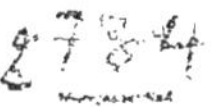

A PARIS,

CHEZ { Madame HUZARD (née VALLAT LA CHAPELLE), Imprimeur-Libraire, rue de l'Éperon, n°. 7; Madame V^e^. COURCIER, Imprimeur-Libraire, rue du Jardinet, n°. 12.

1819.

DE L'IMPRIMERIE DE MADAME HUZARD
(née VALLAT LA CHAPELLE).

AVERTISSEMENT.

L'OBJET de cet écrit me paraît aussi neuf qu'important. Vingt ans d'études et d'observations me justifieront peut-être d'avoir tenté d'en donner une idée.

Je soumets, du reste, mes vues aux gens éclairés ; s'ils les approuvent, il se trouvera des hommes plus habiles que moi, qui éleveront le bel édifice dont j'aurai esquissé le plan. Par la suite, j'essaierai aussi de mon côté d'en traiter quelques parties, avec tous les développemens que je croirai convenables.

Avant d'entrer en matière, je consacrerai quelques pages à l'examen de deux opinions, l'une sur l'emploi et l'abus des machines, l'autre sur l'exubérance de la production manufacturière en Europe ;

opinions qui circulent avec d'autant plus d'autorité et de faveur, qu'elles sont professées par des hommes de beaucoup d'esprit et de philanthropie. Ce sera le sujet du discours préliminaire.

Ceux qui liront mon ouvrage avec quelque attention, sauront bien, sans que je le dise, pourquoi je me suis cru obligé d'examiner brièvement ces deux opinions.

DISCOURS PRÉLIMINAIRE.

Si l'on séparait les opinions des hommes en deux parties, celles qui sont fondées sur un examen approfondi de faits dont on connaît l'origine, ou qui sont les conséquences légitimes d'observations exactes, et celles qui circulent dans le monde sans titres valables, qui se glissent comme à l'improviste dans tous les esprits, et qu'on adopte sans examen, on serait, je pense, bien étonné de rencontrer si peu des premières, et un si grand nombre des secondes. S'il se trouve un petit nombre de penseurs distribués sur la suite des âges, le reste des hommes se laisse entraîner par troupes, non pas où il faut aller, a dit un philosophe, mais où l'on va : *Pergentes pecorum ritu, non quò eundum est, sed quò itur.*

Toutes les questions complexes, par essence, dont les points de vue semblent varier selon notre situation ou nos passions, et par la nature même des circonstances qui dominent dans le moment où l'on s'attache à les résoudre, ou au moment de prononcer, sont précisément celles sur lesquelles il y a le plus de jugemens d'emprunt, d'opinions banales, et d'une sorte de dogmatisme que chacun revêt de toutes formes et de toutes couleurs, suivant ses vues personnelles, ses sentimens ou sa position dans la société.

L'industrie, dans ses progrès et dans les moyens de production qu'elle emploie, présente plusieurs questions de cette nature.

Ainsi, par exemple, on fait à l'emploi des machines le reproche très-grave de condamner à l'oisiveté les hommes que les machines remplacent, ou que de nouvelles inventions peuvent remplacer dans leurs travaux habituels, et de tendre à abrutir l'ouvrier en réduisant ses fonctions, en livrant toute l'occupation de sa vie à l'action aveugle de mettre une machine en mouvement; on va plus loin, on accuse l'industrie même de trop produire.

Examinons ces deux questions l'une après l'autre.

Il est certain que la science de la mécanique, ainsi que toutes les connaissances humaines, est destinée à faire des progrès et à parcourir, dans tous les sens, le domaine qui lui est assigné dans l'ordre intellectuel des choses; que dès-lors elle applique, comme elle appliquera constamment, toute la puissance de ses combinaisons à répandre, dans la société, des moyens plus ou moins efficaces, plus ou moins expéditifs de remplacer la force physique de l'homme, et cette adresse qu'il acquiert par une longue répétition des mêmes actes dans ses travaux.

Si telle en est la tendance nécessaire, inévitable, faudra-t-il donc tracer, autour de cette science, le cercle de Popilius? ou plutôt se peut-il que le développement intellectuel de l'homme, dans les applications des lois de la nature, soit une source de désorganisation et de dégradation sociales? Ce sont là du moins les questions qu'on peut se faire la première fois que ces reproches se présentent à la pensée; et l'on pourrait craindre, à la première vue, d'avoir à renoncer aux fruits de la civilisation, et à repousser les dons d'une providence éternelle qui veille sur elle.

Mais lorsqu'on en vient à approfondir la matière, à l'envisager sous ses diverses faces et dans toutes ses relations avec le cours des affaires, l'on se rassure et l'on trouve que l'abus des machines, s'il existe dans quelques cas particuliers, n'est que transitoire et une sorte d'aberration économique; et qu'on ne peut en déduire aucune raison contre les avantages que la société a lieu de se promettre des progrès de la mécanique.

L'examen de cette question peut se faire dans un sens relatif ou dans un sens absolu : relatif, lorsque, prenant les peuples dans leur position manufacturière actuelle, respective, on se demande s'il convient à l'un d'adopter l'usage que d'autres peuples font des machines; absolue, lorsque, sans distinguer les intérêts mercantiles et respectifs des peuples, on se demande si, à force d'étendre l'emploi des machines, on ne s'expose point inévitablement à ôter le travail à la classe ouvrière, et par conséquent à la plonger, en très-grande partie, dans une effrayante misère?

Dans le premier sens, la question est très-restreinte et la réponse facile; on l'a faite souvent : les affaires d'un peuple dont l'industrie resterait stationnaire, parce qu'il se refuserait à adopter les moyens de production les plus expéditifs et les plus économiques, finiraient, en dépit de toutes les précautions administratives imaginables, par être envahies par d'autres peuples. Ainsi, dans la crainte de manquer de travail, ce peuple arriverait à en manquer réellement, parce que les autres sauraient habilement employer des machines, à son préjudice.

Dans l'état présent des choses, on est donc en général forcé de recourir à cet emploi, et de suivre les progrès de l'industrie d'aussi près qu'il est possible. Mais, dira-t-on, cette nécessité est un mal, et mine sourdement les peuples qui semblent prospérer en y cédant; nous nous replaçons ainsi dans le second sens, et la question devient absolue, et bien autrement compliquée que la première. C'est la seule, au reste, qui mérite un examen sérieux.

S'il s'agissait de juger la question par le fait, on demanderait quels sont les pays, les cantons même, où l'emploi des machines a condamné, je ne dirai pas la population, mais une petite partie de la population, à une oisiveté de quelque durée? Cependant les machines sont connues par-tout en Europe; il n'y a point de canton manufacturier qui ne s'en serve abondamment: y trouve-t-on des bras que les machines aient rendus oisifs? On citerait l'Angleterre : l'Angleterre, qui a porté cet emploi aussi loin qu'elle a pu, et que semble même le comporter l'état actuel de la science mécanique et de l'art de la construction, présente à la vérité une partie de sa population à l'existence de laquelle le gouvernement doit subvenir par des taxes annuelles:

mais, pour fonder sur ce point un argument valable contre l'emploi des machines, il faudrait d'abord prouver que la classe des pauvres, dans ce pays, n'est et ne peut être que le résultat de cet emploi. Il y a près de trois siècles que la taxe des pauvres est établie en Angleterre, et assurément, dans le temps où l'on crut nécessaire de l'établir, l'industrie agricole et manufacturière y faisaient presque tout, à bras d'hommes, et la possibilité même d'employer des machines pour exécuter les principales opérations de ces deux branches fondamentales de l'industrie y était à peine soupçonnée, aussi bien que dans le reste de l'Europe. C'est donc à d'autres motifs qu'il faut attribuer cette disposition législative, unique dans les annales des peuples modernes; et c'est un préjugé par trop vulgaire, que de regarder une circonstance prochaine comme cause d'un effet qui peut en avoir beaucoup d'autres.

La raison semble d'accord avec l'histoire pour rapporter l'origine de la taxe des pauvres à l'état du peuple anglais, au sortir de ses longues guerres intestines, dont les secousses sans cesse renaissantes lui avaient fait perdre l'habitude des travaux paisibles. Mais cette taxe, dira-t-on, s'est accrue prodigieusement dans les temps même où l'industrie anglaise prenait le plus de développement, et il est permis de croire que l'emploi des machines a remplacé, comme cause nouvelle et permanente, une cause qui devait cesser d'agir dans les temps de paix et de prospérité, qui ont succédé en Angleterre aux agitations civiles.

Pour répondre, j'abandonne tous les argumens que je pourrais tirer de la nécessité de conserver, dès qu'elle existe, une espèce d'imposition, établie au profit d'une classe nombreuse du peuple, imposition que la politique a créée, et que la bienfaisance a soutenue et consenti à étendre, lorsque la classe des propriétaires s'est enrichie; j'abandonne de même tous ceux que me fourniraient les circonstances qui ont accompagné les diverses périodes d'accroissement de l'industrie anglaise, et je passe à un examen approfondi de l'emploi des machines et de leurs effets sous le rapport économique; c'est le seul moyen, ce me semble, de sortir la question qui nous occupe, de ce vague dans lequel je désirerais ne pas la laisser, de montrer que le fait qu'on voudrait invoquer ne dépose aujourd'hui, dans aucun endroit de l'Europe, contre l'usage des machines, et que même, par la nature des choses, cet usage ne peut jamais être contraire à la prospérité générale, quels que soient les développemens dont on le croie susceptible.

Les machines proprement dites n'ont et n'auront, en aucun temps, d'autre objet que d'exécuter immédiatement, sous la direction de l'homme, ou un travail qui exigerait la réunion des forces physiques d'un certain nombre d'hommes, telles que les machines à eau, à vent, à vapeurs, en un mot, les moteurs composés; ou bien un métier ou une opération de métier, telles que les machines à faire les bas, à filer, etc.

Examinons d'abord l'effet économique des premières : il faut convenir que par-tout où des hommes sont condamnés à gagner leur vie par le travail machinal de pousser, tirer, frapper, tourner une manivelle, etc., ils peuvent être remplacés par des animaux, ou par l'action du vent, de l'eau, ou de la vapeur; et à toute force on peut supposer que ce remplacement s'étendra progressivement dans tous les lieux où il y aura économie à l'opérer; certes, je doute que sur ce point on puisse pousser plus avant la supposition.

Mais remarquons que, parmi les travaux auxquels ces sortes de machines sont appliquées, il en est, non-seulement qu'on ne peut faire que par machines, dans l'état actuel de la société, mais encore qu'on ne ferait point si les machines n'étaient point connues; qu'à la vérité il en est aussi pour lesquels l'emploi des machines n'est qu'utile, sans être absolument indispensable.

Ainsi, dans la vue de laisser plus de travail aux hommes, pourrait-on renoncer aux moulins à vent, à eau, pour moudre le grain, pour fondre et forger le fer, pour extraire l'huile des substances végétales qui la recèlent? Mais, pour moudre le grain seulement, à force de bras, il faudrait employer toute la population d'une ville pour la nourrir; et que deviendraient les autres travaux? Comment les prolétaires achèteraient-ils le grain, obligés qu'ils seraient de passer au moins une partie de chaque journée à la mouture? Il est difficile d'imaginer à quel point de dégradation la société descendrait, si elle était privée des secours puissans que lui donnent les moteurs inanimés pour ces sortes de travaux. L'on voit d'ailleurs que ce serait simplement changer l'objet du travail, sans le multiplier ou l'étendre; que ce serait même anéantir tout autre travail, par l'impossibilité qu'il y aurait de s'y livrer.

J'ai dit plus haut que certains travaux n'existent que parce qu'on a imaginé des machines puissantes pour les exécuter; or, l'on peut affirmer ici que l'emploi de ces machines a créé dans la société une masse énorme de travail pour la main-d'œuvre, travail qu'elle n'aurait jamais connu sans leur concours: par exemple, où en serait-on pour la fabrication du papier, si on devait broyer le chiffon à force d'hommes? Où en serait-on si, à force d'hommes, il fallait laminer le fer et le cuivre, extraire des entrailles de la terre, et à de grandes profondeurs, les minerais qui recèlent les métaux, et le combustible qui sert souvent à les fondre? A quelle variété prodigieuse de travaux ces diverses opérations ne donnent-elles pas lieu? Supprimez les machines, et ces travaux disparaîtront à jamais.

Supprimez-les dans les cas même où le bras de l'homme pourrait suffire pour donner le premier mouvement à certaines fabrications, comme par exemple aux filatures de coton, aux fabriques de drap, etc.; la production diminuera, parce que le prix des produits augmentera, et avec elle les travaux divers que ce système de fabrication comporte. Ainsi, au lieu d'avoir rendu de l'emploi à la main-d'œuvre, vous aurez diminué la masse réelle de son travail.

Mais n'insistons pas, pour le moment, sur ce point ; ce que j'ai à dire sur les machines ayant pour objet d'exécuter immédiatement un métier ou une opération de métier, peut s'appliquer à l'emploi de celles-là ; et c'est de celles-ci sur-tout qu'on paraît redouter des suites funestes, tout au moins pour l'avenir ; car, pour le présent, il est de fait (ce qui, au reste, va être établi par des preuves tirées de la nature même des choses), il est de fait, dis-je, qu'elles contribuent puissamment à la prospérité publique.

A la vérité, la science de la mécanique est loin d'avoir épuisé toutes ses combinaisons, et il est un assez grand nombre d'opérations de métiers qu'on pourrait exécuter par machines, et qui ne le sont point encore. Mais cette science, comme toutes les autres, avance chaque jour, et l'on peut raisonnablement supposer qu'elle cherchera à soumettre à ses combinaisons tous les travaux industriels qui pourront s'y prêter ; on pourrait supposer même que, par une communication d'idées plus rapide, suite nécessaire d'une civilisation plus avancée, elle jettera partout les mêmes clartés, et que par-tout le génie saura, au besoin, en multiplier les applications.

J'admets ces suppositions dans toute leur

étendue, et j'ai dès-lors à montrer qu'à présent, comme dans l'avenir, et quels que soient les progrès de la science, l'économie publique ne peut et ne pourra retirer que des avantages de l'emploi des machines, destinées même à l'exécution immédiate d'opérations de métiers.

Etablissons d'abord quelques faits, quelques données qui me paraissent incontestables.

1°. Parmi les travaux de l'industrie générale, il en est un très-grand nombre qui ne pourront jamais être exécutés par machines, et pour lesquels la main de l'homme sera, par conséquent, toujours indispensable; on en verra les raisons dans le cours de cet ouvrage; et, puisque je suis forcé de parler pour l'avenir, et jugeant de ce qui arrivera par ce qui arrive tous les jours sous nos yeux, il m'est permis d'affirmer que les mouvemens de la civilisation et de la prospérité publique, d'une part; de l'autre, les progrès de l'industrie, feront naître de nouvelles masses de travaux, exclusivement réservés à la main de l'homme.

2°. L'établissement d'une machine donne de l'extension, par le fait seul de son établissement, à divers travaux qui coopèrent à sa construction, et donne lieu même à divers autres qui n'existaient pas jusqu'alors; et ces travaux sont d'autant plus importans, plus nombreux et plus étendus, que la machine est elle-même plus importante et d'une application plus étendue. Ainsi, le travail qu'a fait naître l'invention du système de filature mécanique pour la laine et le coton, est pour ainsi dire incalculable; il n'est pas jusqu'au tanneur et au propriétaire de mines qui ne s'en soient ressentis. Elle serait longue l'énumération de toutes les industries individuelles qui concourent à cette construction.

3°. Ou une machine fait l'ouvrage avec plus de promptitude et de régularité que la main-d'œuvre, ou elle le fait mieux sans le faire plus vite, ou bien elle épargne de la fatigue à l'ouvrier, et abrége l'apprentissage qu'il devrait faire pour exécuter le travail avec la perfection requise.

Ne parlons que du premier cas, puisqu'il est impossible de contester, sous aucun rapport économique, les avantages des deux autres.

L'emploi d'une machine de cette espèce a deux résultats infaillibles : le premier de produire à meilleur marché, et par conséquent de mettre les produits à portée d'un plus grand nombre de consommateurs, et le second de donner aux capitaux une circulation plus active;

de manière qu'on produit autant avec un capital circulant, cinq ou six fois moindre que celui qu'exigerait l'emploi de la main-d'œuvre. Et remarquons bien que ce n'est pas précisément parce que la machine fait cinq ou six fois plus d'ouvrage dans le même temps, mais parce qu'il y a des lenteurs, des retards inévitables dans le service d'un grand nombre de bras attachés à une suite d'opérations variées, qui doivent nécessairement marcher de concert et du même pas à la fabrication d'un produit. On peut faire aujourd'hui une pièce de drap en quinze jours, et il fallait cinq à six mois avant l'établissement des machines qui servent à cette fabrication.

Gardons-nous de penser toutefois que l'emploi de ces sortes de machines remplace une si grande quantité de bras, et encore moins qu'il existe ou qu'il puisse exister des machines travaillant sans aucune participation de la main-d'œuvre; il y a, sous le premier rapport, beaucoup d'exagération dans quelques écrits sur cette matière, et sous le second, une supposition absolument illusoire : en général, les machines expéditives, exécutant immédiatement un métier, font tout au plus, en qualités courantes, le travail de six à huit personnes, et je citerai, parmi les plus importantes, le métier à bas et les systèmes mécaniques de filature. Parce qu'un métier à filer en fin se compose de trente à trois cents fuseaux qu'un seul homme fait mouvoir, ce serait une erreur grave de conclure qu'il remplace, pour la filature, depuis trente jusqu'à trois cents personnes : car on ne ferait pas attention à toutes les opérations et préparations précédentes qui exigent, dans ce système mécanique, beaucoup de main-d'œuvre. Le travail destiné à ces sortes de machines commande toujours plus d'attention que de force motrice, et là où l'attention est appelée, la présence de l'homme est et sera toujours indispensable.

J'ajouterai que si l'on fait, avec ces machines, le travail de six ou huit personnes, dans le même temps, on produit six ou huit fois plus dans le même temps aussi. Anéantissez les machines, vous produirez six ou huit fois moins avec le même capital circulant ; vous serez obligés de vendre plus cher, et il est de fait que vous perdrez nécessairement une certaine classe de consommateurs qui ne pourront pas acheter vos produits. De plus, puisque avec les machines vous produisez plus, la main-d'œuvre trouve infailliblement tout au moins autant d'emploi, par ce surcroît de production, que si les machines n'existaient point. La différence dans la consommation d'un objet qu'on vend 40 sous ou 3 fr., est pour ainsi dire incalculable ; et, si l'on ne faisait pas des bas au métier, avec du fil préparé par des machines, qui pourrait dire combien de personnes ne porteraient point de bas ? qui pourrait dire combien de travaux seraient suspendus ou anéantis, par la raison seule qu'une certaine classe d'individus paieraient 3 francs au lieu de 40 sous l'objet dont ils ne voudraient ou ne pourraient pas se passer ?

4°. Enfin, la réunion de deux circonstances principales est indispensable pour déterminer le producteur à l'emploi des machines : l'une est l'abondance de la demande, ou l'espoir fondé de vendre tout ce qu'on fabriquera, et l'autre est la cherté relative de la main-d'œuvre. Où la vente est rare ou lente, et la main-d'œuvre à bas prix, personne ne s'avise d'employer des machines expéditives, et d'y consacrer sans utilité des capitaux plus ou moins considérables. On les établit, lorsque le travail s'accroît rapidement par la demande de ses produits, et que le prix de la main-d'œuvre s'élève à raison de cet accroissement de travail : les machines ne sont donc, s'il est permis de le dire, que des auxiliaires utiles à la prospérité publique, et non des usurpateurs du travail de la classe ouvrière. Leur établissement est l'effet de causes prospères, et non une simple détermination de l'intérêt privé.

Si nous appliquons maintenant à la question, dans toute son étendue, ces faits, ces données que j'ai dégagés franchement de tout artifice d'argumentation, il me paraît que les divers points de cette question sont éclaircis, et qu'elle ne présente plus aucune difficulté.

On est fondé à conclure en effet, d'abord sous le point de vue pratique, que, dans la lutte industrielle qui a lieu inévitablement et semble ne pouvoir cesser d'avoir lieu entre les divers peuples du monde, le travail de ceux qui refuseraient d'adopter en général les moyens de production les plus parfaits et les plus économiques, je veux dire ici l'emploi des machines, serait à la longue envahi, en dépit de toutes les lois de douanes possibles; ensuite, sous le point de vue spéculatif, que parmi les combinaisons mécaniques faites ou à faire, il en est un grand nombre qui sont indispensables, et sans l'emploi desquelles la société serait forcée de rétrograder; que l'établissement de la plus grande partie des machines crée une masse de travail nouveau plus ou moins étendu, et comporte même, par sa nature, le service obligé de beaucoup plus de bras qu'on ne le pense communément ; qu'au surplus l'accroissement de production et de demande, qui en est la suite, multiplie le travail de la main-d'œuvre, au lieu de le réduire, et contribue puissamment à l'aisance générale, en accélérant le mouvement des capitaux ; que c'est au besoin d'une grande production, et jamais autrement, qu'est dû l'emploi des machines expéditives, et que si, par événement, les machines et la main-d'œuvre sont oisives dans certaines branches d'industrie, ou dans certain temps, ce n'est pas parce qu'on se sert de machines, mais parce que la demande des produits est suspendue en tout ou en partie : or, que le travail se soit fait par machines ou par simple main-d'œuvre, l'effet sera le même. Enfin, de deux choses l'une : ou l'on emploie les machines pour produire plus, ou on les emploie pour produire autant qu'avec la main-d'œuvre : dans le premier cas, on veut produire plus, parce que la consommation répond à cet accroissement de production ; on emploie des machines, ou parce que la main-d'œuvre disponible ne suffirait pas, et alors les machines sont indispensables et font la prospérité du pays, ou parce qu'elle est trop chère, et alors la main-d'œuvre a d'autres travaux dont elle ne voudrait se détourner que par une augmentation de salaire; les machines font donc encore la prospérité du pays, par le surcroît de travail et le mouvement de capitaux qu'elles y amènent; dans le second cas, c'est-à-dire, si on les emploie pour produire autant qu'avec la main-d'œuvre, c'est pour faire mieux et pour épargner la fatigue et les peines de l'ouvrier; ce qui en rend l'emploi non moins également précieux.

Mais l'effet économique des divers systèmes de production par machines est-il le même pour tous les lieux, et peut-on, sans s'écarter des principes d'une bonne administration publique, encourager indistinctement tous ceux qu'on présente, quelque bons qu'ils soient en eux-mêmes, et quels que soient les avantages qu'on en retire dans certains pays? je ne le pense pas. Chaque localité, chaque pays, exigent un système de machines qui leur soit approprié, et il est rare que, pour les grandes opérations mécaniques, celui qui convient à l'un, convienne de tous points à l'autre. Cette question, au reste, est d'une haute importance; et j'espère trouver ailleurs l'occasion de la traiter avec tous les développemens qu'elle exige ; ici, elle m'écarterait entièrement de mon sujet.

Je crois avoir prouvé que, bien loin d'avoir à redouter l'influence des machines sur le travail des peuples, on la trouve au contraire entièrement favorable à ce travail.

Qu'il me soit permis maintenant d'examiner en peu de mots leur influence morale.

L'on craint qu'à force d'étendre l'emploi des machines, l'ouvrier, réduit pour toute affaire à leur imprimer le mouvement, ne devienne lui-même une sorte de machine; ce qui serait assurément l'effet le plus déplorable qui puisse atteindre l'espèce humaine. Heureusement que cette crainte est vaine, et cet effet impossible.

Rappelons-nous d'abord que la puissance des combinaisons mécaniques est renfermée dans des limites qu'elle ne pourra jamais dépasser, et que dans toutes les périodes que l'industrie peut avoir à parcourir, il existera nécessairement une immense quantité de travaux que la main-d'œuvre exécutera sans partage. Plus l'industrie fait de progrès, plus le travail exige d'attention dans les détails infinis de ses opérations, et nous savons que la science de la mécanique est impuissante, où l'attention est commandée comme une condition rigoureuse.

C'est donc aux travaux qui n'exigent, pour être exécutés, qu'un simple développement de mouvement monotone, et tout au plus à ceux qui demandent une combinaison de mouvemens variés, mais dont la variation est exactement déterminable à l'avance, que les machines peuvent s'appliquer. Or, que peut gagner l'intelligence à exécuter, sans machines, des travaux de cette espèce? et lors même qu'ils exigeraient de l'adresse, on sait bien que l'adresse s'acquiert à force de faire et devient machinale; c'est la réflexion, excitée à chaque instant que le travail dure, qui éveille l'intelligence; et ce travail, je le répète, les machines ne le font pas.

J'irai plus loin : quelle que soit la nature du travail, il faut un outil ou une machine pour l'exécuter : eh bien! de ces deux modes de travailler, celui qui est le plus propre à développer l'intelligence est, en général, le travail par machines. Qu'on compare en effet l'occupation d'un fileur à la mécanique avec un fileur au rouet : le premier donne le mouvement à une combinaison mécanique dont le jeu compliqué et ingénieux doit être à chaque instant le sujet de son attention; il doit l'étudier et le comprendre, pour lui faire produire tout ce qu'il désire. Le second fait quelques mouvemens instinctifs avec cet outil simple qui, allant bien ou mal, coopère à-peu-près également au travail; et, après tout, ce n'est point la pratique d'un ouvrage qui appelle l'intelligence de l'ouvrier, c'est la disposition et la direction de cet ouvrage; or, peu importe qu'il se fasse avec un outil ou avec une machine.

J'ajouterai que, s'il n'existait d'autres moyens d'éveiller l'intelligence des ouvriers que la simple pratique des métiers, il faudrait désespérer de les faire participer à ce noble présent du Créateur. Ce sont et la culture intellectuelle, et l'instruction religieuse, et les relations sociales qui sortent les facultés de l'homme de l'état d'engourdissement, dans lequel toute espèce de travail physique le laisserait irrévocablement. Ainsi qu'on divise, qu'on subdivise indéfiniment le travail, l'effet sera le même : je me trompe; plus vous lui épargnerez de fatigues et de peines par une habile subdivision de travail, plus vous lui laisserez de capacités pour cultiver son intelligence et sa raison. Toute la question semblerait donc se réduire enfin à savoir s'il vaut mieux que toutes les facultés de l'ouvrier restent absorbées entièrement dans le cercle étroit des opérations d'un métier, en repoussant toutes les améliorations que le temps amène, où s'il vaut mieux alléger et simplifier le travail de l'ouvrier, et le mettre par-là plus à même de se livrer à l'instruction qui lui convient et qu'on lui doit. Je ne crois pas qu'aucune âme généreuse puisse balancer sur cette question.

J'arrive à la seconde question que je me suis proposé d'examiner dans ce Discours, savoir: si l'industrie produit trop, si, indépendamment de toutes circonstances, et eu égard à la masse des consommateurs, il y a trop de production.

Ceux qui répondent par l'affirmative ne peuvent apporter en témoignage qu'un fait, à la vérité, incontestable : la stagnation actuelle des manufactures et du commerce; car personne n'a les données nécessaires pour prouver matériellement qu'en général les fabriques produisent plus qu'il ne soit possible de consommer. Mais, par la raison qu'on peut assigner à ce fait une cause bien plus puissante que l'excès de production, je veux dire le resserrement temporaire de la consommation, il faut chercher laquelle des deux causes est la vraie, en analysant les résultats que chacune doit, par sa nature, incontestablement produire.

D'abord, pour qu'il y ait excès de production

manufacturière, il faut, de deux choses l'une : ou qu'on produise plus que le cours ordinaire de la consommation ne le demande, ou bien que la consommation se resserre, par esprit d'économie, par suite d'événemens désastreux, ou diminue par la fermeture de quelques marchés.

Dans le premier cas, il faut supposer que tous les chefs d'entreprises industrielles s'entendent pour produire, non-seulement sans savoir s'ils vendront, mais encore afin de surcharger les marchés de produits dont les prix s'avilissent d'autant plus qu'il y a moins de demandes. Et si l'on pouvait admettre une supposition aussi contraire aux notions les plus simples du commerce et de la marche des affaires, qu'en résulterait-il cependant ? Les commerçans en gros et en détail n'auraient pas à se plaindre comme aujourd'hui, car la consommation suivant son cours ordinaire, la vente le suivrait aussi, et les approvisionnemens de ces commerçans seraient journellement en rapport avec cette consommation. Quant aux fabricans, ils auraient à se plaindre non de ce qu'on ne vend pas, mais de ce qu'on ne vend pas plus qu'on ne peut consommer, ce qui serait absurde ; un pareil état de choses, d'ailleurs, ne se soutiendrait pas un an.

Dans le second cas, lorsque la consommation se resserre par des causes quelconques, la vente est rare, ou presque nulle pour tous les produits indistinctement ; les marchands en gros et en détail ne font plus d'approvisionnemens, et laissent encombrer les magasins des fabricans qui produisent sans demande. Ce n'est donc plus ici exubérance absolue de production, mais exubérance relative, transitoire, et qui doit disparaître avec les causes qui ont affaibli la consommation.

Que si la consommation diminue par la perte de quelques débouchés, c'est un cas particulier qui ne s'applique qu'aux produits d'un petit nombre de manufactures, ou à un pays dont le système manufacturier serait fondé sur la condition d'avoir exclusivement le monde entier pour marché.

L'excès de production n'a donc pas amené et n'amène pas la stagnation générale des affaires ; son effet naturel et le seul auquel il puisse donner lieu, à moins d'admettre un étrange renversement d'idées, est de diminuer le nombre des producteurs, si cet excès pouvait exister d'une manière absolue; ou de resserrer la production temporairement, si cet excès ne provient que de circonstances accidentelles.

Mais quelles sont ces circonstances accidentelles? celles précisément qui occasionnent la stagnation actuelle du commerce et des manufactures, c'est-à-dire la diminution de la consommation, bien qu'il y ait, pour les produits en général, autant de consommateurs qu'il y en a eu; il suffit qu'ils aient des raisons plus ou moins fondées de s'imposer des privations. En veut-on la preuve? qu'on considère que, dans l'état présent des choses, ce ne sont pas seulement telles branches d'industrie qui végètent, telles marchandises qu'on ne vend pas ou qu'on vend peu; mais que toutes les marchandises sont frappées en Europe du même engourdissement. Y aurait-il donc, encore un coup, excès de production en tous genres? La raison se refuse absolument à une pareille supposition; il faudrait qu'une sorte de vertige se fût emparé de tous les producteurs.

Il se peut cependant que quelques industries particulières soient dans le cas de produire outre mesure; mais le prix du produit qui s'avilit, rétablit promptement l'équilibre entre la demande et la production ; et telle est la nature des choses : point de production sans consommation; l'étendue de l'une se mesure toujours nécessairement, sinon au moment même, mais du moins en peu de temps, sur l'étendue de l'autre.

Je sais bien, en outre, qu'un pays en possession de fournir un ou plusieurs autres des produits de ses manufactures, peut se trouver pendant quelque temps embarrassé d'un excès de puissance de production, lorsque les pays acheteurs établissent chez eux ces manufactures; on pourrait même penser que le temps viendra que chaque peuple se mettra à même de se soustraire à l'industrie de tous les autres, en produisant chez lui tous les objets manufacturés dont il a besoin; mais, qu'un pareil état de choses puisse ou non avoir lieu, il ne doit inspirer aucune crainte pour la prospérité respective des peuples : ce n'est pas sur une grande étendue de commerce étranger qu'elle se fonde; la prospérité des peuples a fort heureusement une origine plus noble et plus élevée.

Qu'on se rassure donc enfin sur les développemens progressifs de l'industrie humaine;

cette propriété nouvelle, immense, qu'elle a créée dans le sein des sociétés modernes, est un des gages les plus assurés de leur bonheur. Si le travail cessait d'être un moyen d'échange, s'il était arrêté dans ses progrès, les peuples seraient condamnés à reprendre le joug d'une dépendance servile : car, du moment que le travail ne serait plus pour eux une propriété indépendante, productive, croissant et s'améliorant sans cesse, l'alternative serait inévitable; il faudrait, pour exister, s'attacher à la glèbe comme autrefois, et rentrer dans les ténèbres de la barbarie.

VUES
SUR LE SYSTÈME GÉNÉRAL DES OPÉRATIONS INDUSTRIELLES,

OU

PLAN DE TECHNONOMIE.

Dessein et division de cet ouvrage.

« Rien ne serait plus capable de produire une sorte de
» pluie d'inventions utiles, et, qui plus est, neuves et
» comme envoyées du ciel, que de faire des dispositions
» telles que les expériences d'un grand nombre d'arts
» vinssent à la connaissance d'un seul homme, ou d'un
» petit nombre qui, par leurs entretiens, s'exciteraient
» mutuellement et se donneraient des idées, afin qu'à
» l'aide de cette *experience guidée* dont nous parlons ici,
» les arts pussent se fomenter, et pour ainsi dire s'allu-
» mer par le mélange de leurs rayons. »

BACON DE VERULAM, *de la Dign. et Accroiss. des Sciences.*

Lorsque Bacon, par une force d'esprit singulière, fit cette belle et importante remarque, il était plus de deux siècles en avant du sien. Il saisissait, comme d'un coup d'œil, cette immensité de progrès que les arts industriels ont faits depuis cette époque.

Les connaissances qui les concernent ont subi le sort de toutes les sciences d'observation : elles ont été long-temps un recueil de faits isolés, de documens pratiques qui, faute de liaison entre eux, occupaient la mémoire sans exercer la raison, et qui même semblaient résister aux efforts tentés à diverses reprises pour les soumettre à une classification méthodique.

Il est vrai de dire qu'il existe, d'une part, tant de disparates entre les diverses catégories des opérations industrielles, et dans quelques-unes si peu de prise en apparence pour l'esprit; de l'autre, tant d'intervalle entre la pratique des arts et les sciences dont ils reçoivent des lumières; ou si l'on veut, si peu de rapprochemens et de méthode et de langage entre le savant qui conçoit et l'homme industrieux qui exécute, qu'on explique facilement pourquoi toutes les branches de la production sont restées si long-temps sans adhérence et sans qu'on ait pu les réunir et les étayer les unes par les autres dans un système raisonné.

Le premier travail à faire a été sans doute d'examiner les détails dont se composent les différens arts, et de les décrire chacun en particulier, en cherchant pourtant à expliquer les motifs de chaque procédé, et à montrer comment il se lie à celui qui le précède, comme à celui qui le suit dans le même art. C'est ainsi qu'on rangea, dans une sorte d'Encyclopédie, les divers travaux industriels, avant de penser à les classer d'une manière régulière.

Mais lorsque l'industrie s'étendit dans toutes ses parties, que les faits et les observations se multiplièrent, que l'administration publique eut à prononcer journellement sur ses intérêts, on sentit la nécessité de présenter, sous des formes didactiques, les connaissances pratiques qu'on avait recueillies sur les arts; on écrivit des traités de technologie, et on les vit, sur-tout en Allemagne, exposés dans des cours publics, à côté des branches les plus importantes des connaissances humaines.

Ce n'est pas toutefois qu'on puisse regarder ces traités de technologie comme autre chose qu'un arrangement, une simple classification systématique des procédés des arts. On y chercherait en vain des faits généraux, des déductions théoriques et fécondes, en un mot, une doctrine qui les domine et les embrasse tous; et, quelles qu'aient été les bases adoptées pour opérer les classifications technologiques connues, chaque art a eu son traité particulier et une place arbitraire; de sorte qu'on peut apprendre à connaître tous les détails de l'un, et n'avoir aucune notion, ni du précédent, ni du suivant : car il faudrait pour cela qu'ils fussent éclairés par une lumière commune.

Les cours de technologie, tels que nous les connaissons aujourd'hui, ne présentent donc qu'une suite de traités particuliers sur les divers arts, dont se compose l'industrie générale, rangés soit d'après le but qu'ils se proposent, soit d'après les matières premières qu'ils emploient, soit enfin d'après d'autres divisions aussi vagues et plus arbitraires.

Mais où s'arrêter dans cette série immense des travaux industriels? Quel est l'ouvrage qui peut en comprendre tous les détails? Quel est l'esprit que ne rebuteront point des pratiques sans nombre, dont le fil qui devrait les lier, se rompt à chaque instant? Aussi peut-on remarquer que tous les traités de technologie sont incomplets de leur nature, et le plus souvent très-vagues, à cause des détails nombreux qu'on est obligé de sacrifier, de peur de tomber dans des longueurs extrêmement fatigantes; on peut ajouter encore que la marche rapide de l'industrie fait vieillir, avec une étonnante promptitude, tous les écrits de cette espèce.

Cependant, il faut l'avouer, la description des procédés des arts, seul objet jusqu'aujourd'hui des ouvrages technologiques, est d'un très-grand intérêt pour leur histoire; mais nous ne pensons pas qu'elle puisse servir en aucune façon à les faire connaître et étudier profondément. Des descriptions indiqueront bien comment on produit actuellement dans les diverses branches d'industrie, mais elles ne creuseront jamais les fondemens mêmes de la puissance et des ressources de la production, sujet d'étude fécond, où tous les arts viennent se lier et s'éclairer, comme le dit Bacon, par le mélange de leurs rayons.

Nous nous proposons, dans cet écrit, cette étude importante; nous voulons essayer de découvrir les bases sur lesquelles sont fondés le système général de la production et les principes dont tous les modes de travail ne sont, en dernière analyse, que des applications variées. C'est en nous appuyant constamment sur les faits et sur les observations pratiques, que nous chercherons à nous placer dans un ordre de généralités tel que nous puissions rassembler implicitement, en un corps de doctrine, l'immense variété de détails dont l'examen attentif des opérations de l'industrie présente le tableau.

Nous n'allons donc nous livrer ni à de vaines dissertations *à priori* sur la production, ni à des descriptions de procédés industriels toujours incomplètes, et souvent plus fastidieuses qu'instructives, mais à l'exposition des bases d'une science qui, enchaînant les faits par leurs rapports et leurs analogies, semble appelée à les dominer et à les expliquer tous. Nous nommons cette science *Technonomie.*

Nous la verrons dans son cours toucher les doctrines des sciences naturelles, les pratiques infiniment variées de l'industrie générale, les théories esthétiques et la science même de la haute administration économique; nous la verrons en un mot suivre le travail dans tous ses modes, sous toutes les influences matérielles et morales dont il est environné, ainsi que dans ses relations médiates avec la prospérité publique.

Deux grandes divisions fondamentales en partagent tout le domaine : l'une a pour objet l'*exposition technique des divers systèmes de travail industriel et des principes généraux qui les régissent;* l'autre *les principes de l'économie manufacturière.* Dans l'une, on montre *comment on produit;* dans l'autre, comment *on gouverne la production comme moyen de fortune*, ou, si l'on veut, comment on produit avec économie.

La grande tendance de la technonomie est le perfectionnement général du travail; et ce point est d'une très-haute importance, car le perfectionnement du travail conduit à l'aisance générale, et l'aisance générale est le fonds dans lequel germent les bonnes mœurs, l'ordre public et l'amour de la patrie.

PREMIÈRE PARTIE.

TITRE PREMIER.

Du Travail industriel et de ses modes généraux.

Si nous devions considérer ici le travail dans toute l'étendue de son acception, nous ne saurions ni par où commencer, ni par où finir; car il ne s'agirait de rien moins que de parcourir la vie pratique toute entière de l'espèce humaine, et les innombrables différences que produisent et le caractère de chaque individu, et toutes les influences des mœurs, des climats, des gouvernemens et de l'état de civilisation; c'est-à-dire que nous aurions à étudier tout le genre humain dans les immenses développemens de son principe de vie et de mouvement; car le travail se présente par-tout, en tout et sous des formes d'une variété infinie.

Il nous faut donc poser des limites et définir avec précision la nature et le but du travail qui va appeler notre attention.

D'abord, les produits d'un travail, quel qu'il soit, sont destinés : 1°. ou à satisfaire médiatement ou immédiatement nos besoins physiques ; 2°. ou à satisfaire le goût ; 3°. ou à procurer des jouissances à l'esprit et à la raison ; 4°. ou enfin à procurer de pures jouissances de sentiment. Tous les arts qui ont ces deux dernières, destinations sont entièrement hors du domaine de la technonomie; tous les autres y entrent d'une manière plus ou moins spéciale ou directe, selon leur degré d'importance, leur nature et l'étendue du système sur lequel leurs opérations sont fondées. Ces arts constituent le *travail industriel* proprement dit.

Ensuite toutes les branches d'industrie quelconque, à quelque degré de perfection qu'on les suppose parvenues, n'ont et ne peuvent avoir jamais d'autre but que de *créer des formes,* ou de produire, avec diverses substances fournies par la nature, différentes séries de combinaisons de ces mêmes substances, ou de répandre les produits de ces travaux sur tous les lieux de consommation.

Ainsi, *se procurer* des matières premières, les varier de *forme* ou de *nature* et les faire *circuler* brutes ou travaillées ; voilà les trois grands objets de l'industrie humaine, et les rapports généraux sous lesquels celle-ci se présente aux recherches du technonome.

On voit donc que l'agriculture et le commerce occupent, celle-là le premier terme, et celui-ci le dernier terme dans l'immense série des travaux industriels.

Si l'on considère d'une manière absolue l'agriculture et le commerce, dans les élémens principaux de leurs systèmes respectifs de travail, on trouvera que ces deux arts sont les plus simples de tous, eu égard aux principes primaires sur lesquels ils reposent : car c'est la nature, c'est une force productrice que l'homme ne peut ni expliquer ni commander, qui fait tout pour l'une; et pour l'autre, c'est le besoin, la concurrence et l'administration civile, des causes morales enfin, qui permettent ou entravent le passage des objets de commerce des lieux de production aux lieux de consommation.

Mais lorsque les mettant en rapport avec les autres arts, et comprenant toutes les combinaisons que l'esprit humain peut y faire, on cherche à découvrir le fil qui les unit avec ceux-là et semble les rattacher aux doctrines technonomiques, on trouve, d'une part, que l'agriculture est une vaste opération chimique, distinguée néanmoins de toutes les autres opérations de cette nature par l'action nécessaire d'une force, celle de végétation, qui échappe entièrement aux principes de la science ; action inexplicable qui met l'agriculture dans une catégorie toute particulière, et le cours de ses nombreuses observations hors de la ligne commune aux autres arts : qu'ainsi le système des travaux agricoles se soumet bien en quelques points aux théories générales qui embrassent les arts; mais que, vu l'exercice d'une force dont l'agriculture seule est appelée à tirer parti, elle marche à part avec des principes, des remarques générales et des développemens qui lui sont propres.

On trouve, d'autre part, que le commerce rentre dans les considérations technonomiques, pour tout ce qui concerne la connaissance approfondie des matières brutes et fabriquées qui donnent lieu à des échanges parmi les hommes; et quant à la marche de ses opérations, ce n'est plus que de l'économie industrielle seule qu'il attend des principes et des règles pour agir.

Ainsi, nous voyons la série des arts industriels s'ouvrir et se fermer par deux arts d'une pratique fort simple dans leur état originaire, et qui tiennent aux premiers besoins, aux besoins indispensables de la vie sociale; que par leur liaison avec toutes les branches d'industrie, ils arrivent à un tel degré d'importance et d'extension que, prenant chacun un caractère propre, ils exigent une étude spéciale, et que dès-lors la technonomie ne peut les comprendre que dans ses généralités, et quelquefois pour des développemens particuliers qu'ils reçoivent dans un état de civilisation fort avancé.

C'est donc à l'étude des arts qui forment cette suite innombrable de termes intermédiaires entre l'agriculture et le commerce, la première offrant les matériaux, le second le couronnement de l'édifice industriel, que s'applique immédiatement la technonomie. C'est après une analyse fidèle de leurs opérations qu'elle peut saisir les rapports et le fil des analogies qui les lient essentiellement, et remonter à des principes généraux dont chaque art n'est, à proprement parler, qu'une application.

La *transformation* des matières premières et la *préparation* de diverses combinaisons inorganiques renferment complétement le sujet de tous ces arts intermédiaires, ou du travail industriel proprement dit.

Ce travail présente au technonome deux

modes généraux qu'il est important de distinguer : l'un consiste dans une simple opération de la main, armée le plus ordinairement d'un outil qu'elle dirige, et dont l'homme doit suivre plus ou moins attentivement l'action et l'effet, c'est ce qu'on appelle *métier;* l'autre, dans un certain nombre d'opérations simultanées, exercées de concert par des agens divers, choisis avec intelligence et disposés avec habileté pour arriver à un but unique, c'est ce qu'on appelle *fabrique*, *usine* ou *manufacture.*

Les progrès des connaissances humaines tendent journellement à confondre ces deux modes généraux, non pas en totalité, mais en très-grande partie. Dans l'examen que nous allons faire de chacun d'eux en particulier, nous verrons comment cette fusion s'opère, où et pourquoi elle semble devoir s'arrêter par la nature même des choses, et enfin quelle sorte d'influence elle peut exercer, tant sur la situation économique que sur les mœurs mêmes des peuples.

TITRE II.

Des Métiers.

Les procédés particuliers des métiers, pris dans leur ensemble, ainsi que les produits que chacun offre à la consommation, quant à leurs espèces et à leurs usages respectifs, appellent d'abord notre attention; car il s'agit, pour renfermer la science dans de justes limites, d'établir une distinction capitale entre des détails isolés de pratiques individuelles et les faits qui, par leur nature, se rattachent aux principes généraux ou qui en découlent directement ou indirectement, et de séparer ainsi, d'une manière claire et bien tranchée, tout ce qui doit entrer dans l'ordre de nos observations, de ce qui tient et s'arrête irrévocablement à une main-d'œuvre purement empirique.

Or, voici les remarques que nous avons à faire sur cette branche importante de l'industrie humaine, et les inductions générales qu'il nous paraît permis d'en tirer :

Les opérations manuelles sur lesquelles les métiers sont fondés, exigent essentiellement : 1°. ou une attention *soutenue* de la part de l'ouvrier, depuis le commencement jusqu'à la fin de l'ouvrage;

2°. Ou elles s'exécutent en *totalité* comme machinalement par l'*habitude* ou par l'*habileté* acquises dans un apprentissage plus ou moins long;

3°. Ou enfin le travail d'un métier peut se

diviser en plusieurs parties dont les unes exigent *une attention constante et forcée*, et les autres n'en exigent point.

Nous établissons donc trois classes de métiers bien distinctes.

Quant aux produits de ces divers genres de métiers, ils sont, par leur nature, ou essentiellement et indéfiniment variables de *formes* ou de *dimensions*, suivant les caprices des consommateurs et quelquefois des producteurs ; ou l'on peut leur donner des *formes* et des *dimensions constantes*, ou les renfermer dans un cercle de variations qu'on peut déterminer à l'avance; ou les produits se composent de *parties variables* indéfiniment et de *parties invariables* ou variant peu par leurs qualités; ou enfin l'ouvrage ne peut être produit que sur place, d'une manière variable et indéterminée.

Dans les métiers de la première classe, pour l'exercice desquels l'attention est nécessairement toujours présente, quelque habileté qu'on y ait acquise, tels que les métiers de *tailleurs d'habits*, de *coiffeurs*, de *maçons*, de *vitriers*, de *modeleurs*, de *faiseuses de modes*, etc., etc., les mouvemens de la main doivent varier à chaque instant ; et à chaque instant, c'est à l'intelligence seule qu'il appartient de fixer la nouvelle direction que la main et l'outil ont à prendre.

Remarquons en outre que les produits ou les résultats de ces métiers présentent une grande instabilité de formes et de dimensions; que quelquefois même ils ne sont que de simples dispositions infiniment variables de matières déjà travaillées, ou qu'on ne peut exécuter que sur place.

On conçoit que la technonomie ne doit considérer les faits particuliers, incohérens, que présentent ces genres de travaux, que sous le rapport économique; elle ne peut ni généraliser, ni rattacher à un système régulier de mouvemens, des modes d'opérer qui doivent varier sans cesse et d'un moment à l'autre. Mais comme la perfection de l'ouvrage dépend et de l'attention et de l'habileté, elle se borne à indiquer comment on peut aider l'une et hâter ou étendre l'autre, en soumettant cette classe de métiers à la théorie immédiate de la *subdivision* du travail. Ils entreraient bien plus avant dans le domaine de la science, s'il y avait plus de simplicité dans nos mœurs et moins de mobilité dans nos goûts.

C'est aux métiers de la seconde classe que l'esprit de perfectionnement s'attacha aussitôt que l'industrie eut pris assez d'accroissemens pour rechercher les moyens d'économiser la main-d'œuvre ; et ceux d'entre eux qui ne consistent qu'en une simple opération machinale, dont les produits varient peu de *formes* ou de *qualités,* et qui servent même souvent de préparations pour d'autres métiers ou pour d'autres arts, tels que les métiers qui ont pour objets, le *polissage*, le *broyage*, les diverses opérations de *percussion* que l'on fait subir aux matières métallifères, etc., etc., etc., sont depuis longtemps exécutés par des machines ou par des mécanismes et des moteurs quelconques.

Une plus grande perfection de produits, plus de promptitude dans l'exécution, ont été les résultats immédiats de ce premier degré de perfectionnement dans les travaux industriels déjà divisés et même subdivisés à chaque pas que la civilisation avait fait. Ces métiers sont devenus, les uns de grandes fabriques, les autres, des parties intégrantes de diverses manufactures, qui ont reçu alors des accroissemens d'autant plus rapides que les produits ont baissé de prix et se sont ainsi rapprochés d'une plus grande masse de consommateurs.

La technonomie examine à fond ces divers moyens employés pour remplacer avec succès la main de l'homme, *comme force physique exercée;* elle les soumet à une critique raisonnée et fournit des principes au moyen desquels il est facile de reconnaître les métiers qui peuvent se prêter aux mêmes transformations, soit directement, en faisant faire par un mécanisme les mêmes mouvemens que la main, soit indirectement, en substituant une autre combinaison de mouvemens propre à faire arriver au même but : car il n'est pas toujours possible de représenter fidèlement le travail manuel.

Les métiers de la troisième classe, c'est-à-dire les métiers de *tisserand*, de *serrurier*, de *menuisier*, de *fileur*, de *chapelier*, de *boulanger*, etc., etc., etc., offrent au technonome, et par leur nombre et par leur nature, plus de sujets d'observations et de recherches.

Il s'agit d'abord de reconnaître et de séparer clairement les procédés ou les parties de procédés que la main seule peut exécuter, soit par leur nature propre et par l'impossibilité, quelquefois même par l'inutilité du remplacement au moyen d'un mécanisme quelconque; soit par les formes extrêmement variables que les produits doivent avoir; de les séparer, disons-nous, de ceux qui, par des raisons contraires, peuvent être exécutés avec plus de régularité et de promptitude, par d'heureuses applications des lois de la nature, et utilement transformés par de nouvelles combinaisons de l'intelligence.

En séparant ainsi ce qui doit être indispensablement le sujet d'un apprentissage plus ou moins long, de ce qui appartient tout simplement à la main-d'œuvre, ou de ce qui convient au service des agens de la nature, on ouvre devant soi un vaste champ aux recherches nouvelles, on se met pour ainsi dire sous les yeux la matière sur laquelle le génie de l'invention peut avantageusement s'exercer.

C'est après cette importante analyse qu'on est en état de remonter aux principes généraux sur lesquels les *apprentissages* sont fondés, et de donner par conséquent à ce genre d'instruction, bien plus digne d'attention qu'on ne le pense communément, une marche méthodique, et par cela même plus expéditive. On fait plus : on montre comment on peut suppléer souvent à la longueur de l'apprentissage et à l'adresse qui en est la suite, et exécuter même, par une main-d'œuvre quelconque, ce qui semble exiger un ouvrier exercé.

Il y a beaucoup de métiers qui demandent un assez long apprentissage : ce qui a lieu, lorsque le même homme doit en faire toutes les opérations. Mais qu'on divise méthodiquement ces opérations; qu'on emploie pour chacune des outils mieux conçus, et le temps d'apprentissage sera très-court, et le travail se fera même avec plus de précision et de régularité : le *métier de cloutier* et la *fabrication des mouvemens de montre* en sont des exemples.

Ce n'est point ici le lieu de montrer combien ce genre de considérations intéresse le système économique des peuples; nous espérons y revenir dans un autre ouvrage.

Poursuivons : d'un côté, l'imperfection du mouvement de la circulation qui a fait languir si long-temps l'industrie et qui a posé de si étroites limites à la production et à la demande; de l'autre, cette combinaison intime d'opérations exigeant de l'intelligence et de l'attention, avec des opérations purement *machinales*, ont singulièrement ralenti les progrès de cette troisième classe de métiers. C'est aujourd'hui la plus nombreuse, et celle qui peut comporter le plus d'améliorations importantes.

Dans les vingt dernières années du dix-huitième siècle, on a vu de loin en loin quelques idées heureuses recevoir d'immenses applications : des petits métiers isolés sont devenus de grandes manufactures ; c'est le changement qu'a subi *la filature* et quelques métiers de ce genre.

Une consommation constante divise les métiers et les isole ; leurs produits se perfectionnent jusqu'à un certain point; mais en général, tant qu'ils restent ainsi divisés et bornés dans leur développement aux facultés de l'ouvrier achetant les matières premières, les travaillant et vendant les produits lui-même au consommateur, les prix demeurent élevés, et la consommation ne prend que lentement de l'extension.

Mais si ces métiers divers viennent à se réunir pour concourir à un but unique (quelque partie du vêtement de l'homme par exemple), sous la direction d'un chef habile à substituer des agens puissans ou plus économiques que la main-d'œuvre, ou du moins qu'une main-d'œuvre long-temps exercée, et à profiter de quelques importantes transformations que les métiers auront subies; les produits alors reçoivent divers degrés de perfectionnement; leurs prix baissent, à la longue peut-être, mais infailliblement, et ils deviennent enfin à la portée d'un plus grand nombre de consommateurs. On voit manifestement l'industrie prendre, dans le mouvement général des idées, la même marche synthétique que les sciences, lorsqu'elles ont acquis certains degrés d'accroissement.

Les progrès de l'industrie chez un peuple, dépendent en général du parti qu'on sait tirer des agens de la nature, et peuvent être mesurés sur l'étendue des moyens employés pour suppléer soit au travail machinal de la main de l'homme, soit à l'adresse d'exécution qu'il ne peut acquérir qu'après beaucoup de temps et avec beaucoup de peines et de privations.

La nature et la distinction des produits, ainsi que le goût extrêmement variable de ceux qui s'en servent ou qui les consomment, portent un grand obstacle aux progrès de plusieurs arts industriels; on voit, en outre, le mode de production en usage donner lieu aux caprices des consommateurs, et les servir sans nécessité comme sans fruit. Un menuisier qui, après un apprentissage très-long, fait dans son atelier des tables, des croisées, des portes, des meubles de tous genres, donne à ces objets des formes qui varient au gré de son caprice ou de celui du consommateur, souvent même d'après les pièces de bois dont il peut disposer et veut tirer parti. Si nous supposons maintenant qu'il y ait de grandes fabriques séparées pour chacun de ces objets en particulier, il est certain qu'une douzaine de variétés pour les dimensions, une douzaine de variétés pour le luxe, suffiront amplement à tous les besoins comme à tous les goûts : chacun pourrait choisir dans ces limites de formes et de dimensions ce qui lui conviendrait. Or, cette sorte d'uniformité tournerait évidemment au profit de l'usage, au surcroît de commodité, et permettrait d'introduire dans ce genre d'industrie un système d'exécution plus parfait, et assurément plus économique. C'est de cette manière que l'industrie, après avoir fait de grands progrès, peut contribuer à ramener la simplicité dans les goûts qu'elle avait elle-même multipliés, à son premier période d'accroissement.

Dans les généralités que nous venons d'exposer sur les opérations des métiers, nous sommes, en quelque façon, remontés à la naissance des arts industriels et aux causes primordiales de leur développement. Nous avons essayé en outre de déterminer, avec quelque précision, la direction que doit suivre cette tendance constante au perfectionnement, sans laquelle toute branche d'industrie languit et s'éteint.

Nous sommes donc arrivés au moment de considérer la technonomie dans l'examen qu'elle fait des arts industriels proprement dits. L'étude des métiers fournit beaucoup de faits isolés, des détails nombreux, sans cohérence, strictement renfermés dans le travail de la main, armée le plus souvent d'un outil ou d'un instrument simple, ainsi que dans la série des qualités données aux produits. L'étude des arts industriels découvre des faits groupés, liés par de nombreux rapports; et c'est ainsi qu'elle arrive à des principes qui embrassent le système général de la production industrielle.

TITRE III.

Des Arts industriels en général.

Les résultats définitifs et matériels du travail des arts, ainsi que des métiers, sont toujours, comme nous l'avons déjà dit, ou des formes particulières données aux matières premières, ou de nouvelles combinaisons préparées avec leurs principes constituans, ou en unissant les matières premières entre elles.

Dans les métiers, l'agent principal n'est soumis à aucune loi hors de lui : il est volontaire; dans les arts industriels, il y a plusieurs agens immédiats et puissans, dont l'action est soumise à des lois immuables que la volonté de l'homme ne peut ni changer ni modifier absolument; il doit se borner à régler cette action et à l'appliquer avec habileté : mais, pour appliquer ainsi ces lois, il faut, s'il est permis de le dire, les connaître dans toutes leurs dispositions; il faut les étudier dans les expériences et les observations qui les ont révélées. C'est là le point de contact de la technonomie avec les sciences chimiques et physico-mathématiques.

Concevoir les formes à donner aux matières premières, et les *exécuter*, sont deux choses que nous avons à examiner séparément : il nous importe de nous occuper de la seconde avant la première, qui entrera dans l'exposé des vues économiques sur la production.

Toutes les fois qu'il s'agit de *transformer* les matières brutes par l'effet d'un mouvement sensible dans l'espace, on a recours au travail des *agens mécaniques ;* et lorsqu'on a à décomposer les matières premières pour en obtenir quelques principes constituans, ou bien lorsqu'on veut opérer quelques nouvelles combinaisons, on a recours au travail des *agens chimiques.* Quelquefois les uns sont employés, à l'exclusion des autres, dans une opération industrielle; quelquefois ils sont employés de concert, et toujours, soit dans un cas, soit dans un autre, ils sont l'âme et le fondement de toute opération industrielle.

Le travail technique de l'industrie manufacturière se fait donc au moyen de ces deux espèces d'agens; et la connaissance de leurs modes d'opérer et de la manière de les disposer pour l'action, suivant les temps, les lieux, la nature du travail à faire, et dans le double intérêt des consommateurs et des producteurs, est la science même de la production; ou, si l'on veut, cette connaissance comprend la théorie générale des opérations manufacturières.

Nous allons considérer séparément chaque espèce d'agent.

TITRE IV.

Des Agens et des Opérations mécaniques.

Suppléer à la puissance motrice de l'homme et imiter son adresse et son habileté de main-d'œuvre, en donnant toutefois à ce qui représente l'une et l'autre une grandeur et une précision de développement et d'effet, auxquelles les facultés physiques de l'homme ne se prêtent point, ou du moins très-difficilement; voilà les motifs généraux de toutes les opérations mécaniques de l'industrie manufacturière.

La technonomie range en conséquence ces opérations en deux grandes classes, dont l'une comprend tous les cas où il s'agit de déployer une grande puissance mécanique, et l'autre tous ceux où il est question d'adresse, et non de force. Nous dirons en passant que le régime économique, qui doit dominer sur-tout dans les arts, donne des règles différentes pour chacune de ces deux classes d'opérations.

Toute opération mécanique suppose nécessairement un *moteur*, une *machine* et un *travail à faire;* ou plus exactement, un moteur avec un mode de recevoir directement son action, un mécanisme propre à transmettre, à modifier d'une manière quelconque le mouvement du moteur, enfin un moyen mécanique propre à exécuter immédiatement le travail.

La science a donc non-seulement à examiner ces trois objets, pris chacun isolément, mais encore la liaison intime d'actions qui existent nécessairement entre eux.

La force mécanique qu'on ne définit point,

mais qui se révèle par le mouvement qu'elle produit dans l'espace, se compose en réalité de deux élémens inséparables : la masse du corps qu'elle met en mouvement, et la vitesse de ce mouvement. Dans le sens que nous donnons ici à cette force, on ne la conçoit plus dans un de ses élémens séparés; leur réunion est donc une condition nécessaire de son existence. L'homme la trouve dans la spontanéité des êtres vivans et dans les lois de la nature inorganique; il ne la crée point par des combinaisons mécaniques, et jamais, quelque ingénieuse machine qu'on puisse inventer dans la suite des siècles, on n'ajoutera un degré de plus à la force naturelle des moteurs.

En général, les moteurs n'ont point un mode d'action uniforme; à moins que, par une analyse plus subtile que féconde en résultats d'application, on ne veuille admettre le phénomène inexpliqué de la communication du mouvement.

Il y a plus même : le degré d'action de chaque moteur varie suivant les diverses manières de l'appliquer, et quelquefois suivant l'espèce de travail qu'il est appelé à exécuter. Ainsi l'on ne doit pas se borner à connaître la force absolue des *animaux*, *du vent*, *d'un cours d'eau, de la vapeur ;* c'est à la recherche de leurs forces respectives dans les différens modes d'application que ces moteurs peuvent recevoir, ainsi qu'à l'examen approfondi de la convenance de leurs services en divers genres de travaux, qu'il est important de s'attacher spécialement ; et cela, en interrogeant toujours, non des formules *à priori* qui n'ont qu'une valeur logique, mais les grandes expériences de l'industrie. Dans les arts, il ne suffit pas d'agir, il faut agir le mieux, le plus promptement et le plus économiquement possible.

La main de l'homme, bien que d'une simplicité admirable, peut exécuter toutes les directions de mouvemens possibles, et produire avec le seul secours d'un outil ou d'un instrument simple, tous les effets que le génie le plus fécond en combinaisons mécaniques puisse opérer avec des machines, quelque compliquées qu'elles soient.

Cependant, il y a deux espèces d'effets pour la production desquels l'homme a senti de bonne heure la nécessité de se servir de machines : c'est 1°. lorsqu'il a voulu remuer de grandes masses ; et 2°. lorsqu'il a voulu les soulever au-dessus de sa *portée naturelle.*

L'on voit en remontant aux anciens temps,

et mieux encore à l'état des peuples du Nouveau-Monde, lorsqu'on en fit la découverte, à quels travaux incroyables les hommes devaient se livrer pour bâtir, par exemple, sans le secours de machines : aussi remarque-t-on que l'invention et la construction des machines propres à soulever de lourds fardeaux, ont été le sujet des premières recherches en mécanique.

On a pensé fort tard à suppléer à l'adresse de l'homme par des machines proprement dites : il a fallu pour cela que les peuples fussent arrivés à un assez haut degré de civilisation.

Dans l'antiquité, on n'employait guère que l'homme comme moteur : l'esclavage, l'oisiveté des peuples en temps de paix, la nullité presque absolue de l'industrie générale, telle que nous la comprenons aujourd'hui, laissant beaucoup de bras disponibles, dispensaient de chercher ailleurs des moyens d'imprimer le mouvement aux machines en usage ; et puisqu'on rabaissait ainsi l'intelligence et la dignité de l'homme jusqu'au travail grossier, aveugle, d'un moteur inanimé, les machines devaient avoir nécessairement, non cette simplicité qui annonce la perfection de l'art, mais celle qui appartient à son enfance : car le mode d'action de l'homme comme moteur peut varier à l'infini, tant dans sa nature que dans sa direction, et suppléer ainsi à tout ce qui manque à une machine qu'il fait mouvoir.

Il n'en est pas de même des autres moteurs : chacun en particulier n'a réellement qu'un *seul mode* d'action, et ne tend à prendre naturellement qu'*une seule direction;* aussi, lorsqu'on en est venu à l'emploi de différens moteurs, a-t-il fallu imaginer une foule de combinaisons mécaniques propres à modifier leurs actions respectives et leurs directions naturelles, suivant les besoins de l'industrie.

Si les machines n'étaient uniquement destinées qu'à produire de *grands effets de force*, l'étude qu'en ferait le technonome, après les avoir toutefois séparées des relations nombreuses qu'elles ont et avec les moteurs et avec les travaux à faire, serait très-bornée; car une machine, quelque compliquée qu'elle soit, ne se présente, dans ce cas, que comme un assemblage de leviers de diverses formes. Or, au moyen de la théorie mathématique du levier simple, on en évalue aisément les effets. Il est vrai que ces données de calcul ne sont, à les prendre rigoureusement, que spéculatives.

Dans tous les cas même, les machines, prises isolément, et qui ne sont que puissantes, n'offrent point un grand nombre d'observations à faire. Après avoir exposé la théorie de leurs constructions sous le double rapport de la solidité et de la simplicité dans le transport qu'elles font de la puissance du moteur au point où le travail commence, il ne reste guère que deux observations fondamentales à établir et à développer sur ces machines : la première, que toute machine, quelle qu'en soit la composition, ingénieuse ou commune, simple ou compliquée, n'ajoute pas, comme nous l'avons déjà dit plus haut, le *plus petit degré de force* à la force naturelle du moteur qui lui est appliqué, qu'elle n'a et ne peut avoir, à cet égard, d'autre destination que de remuer, mais *lentement*, de grandes masses, avec un moteur qui a peu de masse et une grande vitesse de mouvement proportionnel; ou de mouvoir *rapidement* une petite masse avec un moteur d'une grande masse et d'une petite vitesse proportionnelle; c'est-à-dire que, lorsqu'avec un moteur donné l'on veut produire, par l'intermédiaire d'une machine, un *grand effet de masse*, il faut employer plus de temps que dans le cas contraire; et ce temps croît ou décroît suivant et dans la proportion que l'effet de masse qu'on veut produire croît ou décroît en grandeur. Une machine n'est donc et ne peut jamais être qu'une masse inerte ; c'est le moteur qui lui donne la vie, et ceux qui perdent leur temps et leur fortune à inventer et à établir des machines qu'ils croient propres à transmettre plus de force qu'elles n'en reçoivent, s'abusent étrangement sur leurs propriétés.

Secondement : que les machines, par leur disposition, favorisent le déploiement de la force des moteurs auxquels elles servent d'intermédiaires, presque toujours indispensables pour exécuter le travail, et qu'en outre, elles transmettent l'action si uniforme des moteurs dans telle direction que l'on veut, et la modifient selon que le travail l'exige ; mais il faut dire qu'elles dispersent, dans leur jeu, une portion plus ou moins considérable de la force motrice.

Il faut convenir aussi que le nombre de transformations de mouvement-moteur, que présentent les machines, ayant un simple déploiement de force pour objet, est très-limité. Ce n'est que lorsque le travail est un travail d'adresse et d'habileté, que les machines appelées à l'exécuter offrent une longue suite de faits et d'observations sur ce sujet.

Il faut en effet une grande variété de *méca-*

nismes, soit pour transmettre le mouvement moteur dans tous les sens, dans des directions à l'infini et à différentes distances ; soit à le régulariser, à le suspendre avec précision, à l'accélérer ou à le retarder suivant des lois données; soit à l'augmenter, quant à l'un ou à l'autre des élémens de la force, ou à le diminuer graduellement ; soit enfin à le répandre par petites portions sur plusieurs points à-la-fois ou successivement. Ces diverses catégories de mécanismes semblent offrir à l'œil, sous des formes matérielles, l'intelligence qui exécute.

S'il appartient à la technonomie de recueillir ces faits nombreux et importans, c'est elle aussi qui doit les classer, les unir, les généraliser pour donner des appuis salutaires au génie de l'invention, et montrer enfin comment, avec du mouvement pris dans la nature, on peut remplacer le travail matériel de l'homme, pour lui confier des soins plus nobles et plus dignes de lui.

Il serait impossible de recueillir tous les matériaux nécessaires à un système complet et bien ordonné de mécanismes applicables aux travaux de l'industrie ; il serait même impossible d'éclairer la route de l'invention et de saisir tous les rapports que présentent les opérations mécaniques de divers genres, si l'on se contentait, en les étudiant, de passer de l'examen des moteurs à celui des machines, et de celles-ci à celui des travaux de l'industrie ou des fonctions des agens mécaniques dans les arts. Par cette méthode on se trouverait conduit, après avoir reconnu, à la vérité, un assez grand nombre de faits utiles, à une suite de combinaisons purement spéculatives qui ne recevraient jamais aucune application.

Le technonome doit donc d'abord étudier à fond les différens travaux à exécuter, les espèces extrêmement variées de fonctions que les agens mécaniques sont chargés de remplir dans les arts; analyser ensuite le jeu des mécanismes, des machines intermédiaires, et remonter enfin jusqu'aux moteurs. C'est en descendant et remontant alternativement du travail au moteur et du moteur au travail, qu'il peut parvenir à compléter l'examen des opérations mécaniques, et ouvrir la route qui conduit aux combinaisons nouvelles.

On ne doit jamais oublier que ce sont les résultats du travail qui intéressent spécialement le technonome; et parmi la multitude de moyens qu'il peut avoir pour les obtenir, la qualité ou la perfection des résultats, ainsi que l'économie de l'opération, fixent son choix. On voit donc clairement combien l'étude approfondie des fonctions, auxquelles les agens mécaniques sont appelés, est importante pour la science : tous les faits qu'elle y découvre sont autant de guides qui mènent directement, ou du moins sans déviation ruineuse, à une heureuse application de moteurs.

Il serait trop long de présenter ici le dénombrement des diverses fonctions ou travaux des agens mécaniques dans les arts ; le tableau ci-joint est destiné à offrir les principaux ; nous nous bornerons donc à faire pressentir de quelle nature sont les observations que ce sujet, si fertile en faits particuliers, fournit à la science.

La manière dont le travail doit s'opérer sur une *matière première*, dépend des qualités physiques de celle-ci, des variétés de la même espèce, ainsi que des qualités indispensables que la matière travaillée doit avoir.

Une fonction mécanique, comme par exemple *le broiement*, l'action de réduire une matière quelconque dans un état de division plus ou moins grand, ne peut et ne doit pas s'exécuter de la même manière sur toutes les matières à broyer ; on ne broie point les graines oléagineuses comme les céréales, le chiffon pour la papeterie, ni comme les unes ni comme les autres ; pour réduire en poudre les bois de teinture, on peut substituer au broiement ordinaire des procédés avantageux, qui ne pourraient s'appliquer ni aux graines, ni aux chiffons, ni même aux écorces de chêne pour la tannerie.

La manière de filer la laine, pour les étoffes rases, doit différer essentiellement de la filature de la laine pour les étoffes feutrées; le coton ne se file plus comme la laine cardée, depuis que cette opération est grandement perfectionnée; la soie ne s'apprête en fil ni comme le coton ni comme la laine; la filature par machines du lin et du chanvre diffère de celle des substances filamenteuses précédentes; enfin il y a autant de systèmes de filature que de substances filamenteuses; il y a même plus d'un système pour chacune.

Citerons-nous encore cette variété surprenante et de tissus et de contextures diverses à mailles ou feutrées, et d'apprêts mécaniques qu'on leur fait subir, ainsi que cette foule d'artifices plus ingénieux les uns que les autres, employés dans cette branche importante de l'industrie? Le technonome doit les soumettre à des recherches suivies ; et lorsque pour la première fois on jette ses regards sur un sujet si vaste et sur la multitude de faits qu'il présente à l'observateur, il semble que la science ne peut les embrasser, et moins encore en présenter le tableau. Cependant, tel peut être le mode d'investigation à laquelle elle les soumet; telles sont la rigueur et la justesse de ses principes, que rien d'essentiel ne peut échapper à son examen. Si les analogies sont extrêmement nombreuses parmi les arts industriels, pour qui s'exerce à les dévoiler, elles échappent à l'homme inattentif et sans guide; tous les faits s'isolent pour lui, et semblent se multiplier d'une manière indéfinie.

TITRE V.

Suite du précédent; considérations générales sur les combinaisons mécaniques.

Dans les arts, la *force motrice* est une réalité, une sorte de matière première qu'on emmagasine, qu'on économise, qu'on achète toujours, et souvent fort cher.

L'*effet* est le travail même avec toutes ses modifications et dans toutes ses relations avec nos volontés, nos besoins ou nos goûts.

L'histoire des combinaisons mécaniques destinées à l'emploi de cette force et à la production de cet effet, présente deux faces distinctes qu'il importe de considérer avec attention : l'une montre des séries de combinaisons produisant leurs effets respectifs par diverses voies, mais immédiatement de la même manière ; l'autre, des combinaisons dont chacune produit la même espèce d'effet d'une manière essentiellement différente.

Deux choses sont aussi à distinguer dans l'étude d'une combinaison mécanique quelconque : 1°. la *conception* ou le *principe* de la combinaison ; 2°. le *mode de construction* ou d'exécution de ce principe ; mode par lequel on revêt de formes matérielles un éclair de l'esprit, une vue de l'intelligence.

Remarquons en outre que les combinaisons mécaniques ont pour objet, ou les mécanismes (1) destinés à recevoir simplement l'ac-

---

(1) Nous appelons *mécanismes* les élémens composés des combinaisons mécaniques ; ils concourent, par leurs effets partiels, à l'effet total. Ainsi, d'après cette définition, un mode d'appliquer ou de recevoir l'action d'un moteur, ou un mode de transformer le mouvement, ou d'exécuter immédiatement un travail, sont des mécanismes.

tion des moteurs, indépendamment de l'usage qu'on peut en faire ; tel que, par exemple, celui qui reçoit l'action de la vapeur, et dont le mouvement peut être employé à un mouvement quelconque ; ou les mécanismes propres à transformer ou à modifier le mouvement fourni par ceux qui sont appliqués aux moteurs, tels que les mécanismes destinés, par exemple, à convertir un mouvement de *va-et-vient* en un mouvement de rotation simple, ou avec des conditions imposées par diverses circonstances ; ou les mécanismes, enfin, propres à exécuter immédiatement un travail quelconque, quels que soient le moteur et les intermédiaires mécaniques que l'on puisse employer : telles que les dispositions et formes diverses des meules à broyer, des cylindres à tirer dans les filatures, des lames ou des pièces pour couper, refendre, scier, percer, etc.

Hors le cas fort rare où une conception nouvelle embrasse à-la-fois l'action du moteur, la machine intermédiaire et l'effet final, pour une opération simple, comme pour élever l'eau, par exemple, telle que la conception du *belier hydraulique ;* hors ces cas, disons-nous, il n'arrive jamais qu'une invention en mécanique porte, dans toute son exécution, sur les trois objets dont nous avons parlé plus haut; c'est toujours par la nouveauté de l'un ou de l'autre qu'elle se distingue. Il faut dire aussi que l'invention ne consiste pas en général dans la création de pièces nouvelles, mais bien dans une combinaison nouvelle de pièces connues. Les pièces ou les premiers élémens des machines sont à une combinaison mécanique ce que les mots sont à une combinaison littéraire; ce serait une étrange manie que de vouloir faire ou trouver du nouveau dans les pièces d'une machine, ou dans les mots d'un discours.

Lorsque la science soumet à son examen les diverses espèces de combinaisons, produisant immédiatement leurs effets respectifs de la même manière, elle ne les considère que comme des solutions différentes, bien qu'identiques par un seul point, d'une question que la science pose d'abord dans toutes les rigueurs des conditions que l'économie et les règles du travail commandent. Elle juge facilement, par la comparaison de ces solutions diverses, du mérite de ce qui est fait; elle marque le rang de chacune d'après la simplicité du jeu des pièces qui forment la combinaison, la facilité et la solidité de construction qu'elle présente, la promptitude avec laquelle le travail peut s'exécuter ou l'effet se produire, enfin d'après les diverses espèces d'avantages que la combinaison donne à l'action primitive des moteurs.

La science va plus loin encore par ce mode d'investigation ; elle signale les recherches oiseuses, dans ce qui peut rester à faire, tout en éclairant la route qui conduit avec sûreté à des solutions plus simples et plus avantageuses, s'il y a lieu, que celles en usage.

Au reste, cette catégorie de combinaisons mécaniques n'offre, depuis long-temps, qu'une voie battue aux hommes qui s'occupent de machines : le génie rarement, la médiocrité souvent, y trouvent quelque chose à faire ; celui-là en éclaircissant une idée confuse, celle-ci en prétendant perfectionner tout ce qui se présente à elle. La science, dans ce dernier cas, n'acquiert point un seul fait de plus ; c'est une unité ajoutée au nombre de solutions d'une même question, seulement un peu différentes entre elles par quelques détails.

Les combinaisons mécaniques qui produisent chacune la même espèce d'effets, d'une manière essentiellement différente, sont plus importantes sous le rapport de l'invention ou de la conception : chaque combinaison de ce genre présente un fait nouveau, positif, fondamental, qui forme en quelque sorte le pivot d'une foule de combinaisons diverses. La science apprend à démêler ces faits parmi tous les détails de construction, qui varient ou peuvent varier au gré des constructeurs; elle apprend non-seulement à ne pas se laisser éblouir par une complication de pièces qui, quelque ingénieuse qu'elle puisse paraître, n'ajoute le plus ordinairement rien au mérite d'une invention, mais encore à distinguer clairement les machines créées par inspiration, d'avec celles qu'on n'a produites qu'après de nombreux efforts et de longs tâtonnemens; enfin, elle apprend à choisir, dans la collection des combinaisons de cette nature, celles qui conviennent le mieux, sous tous les rapports, à un service spécial, assujetti à des conditions rigoureusement définies.

Parmi les machines les plus remarquables de ces deux catégories, on distingue celles qui sont destinées à remplacer la dextérité de la main. Quelquefois le travail de la main est fidèlement imité; quelquefois il est remplacé par une combinaison de mouvemens qui produit le même effet d'une autre manière.

Dans le premier cas, l'opération la plus simple exige souvent une machine très-compliquée; et, sans être bien habile, un machiniste, doué de patience et de quelque sagacité, peut parvenir à copier facilement, par une construction plus ou moins ingénieuse, les mouvemens de la main dans un travail déterminé ; l'art de la construction offre assez de documens à ceux qui le consultent sur cette matière.

Dans le second cas, on aborde franchement toutes les conditions du travail ; on le creuse profondément dans tous ses replis, dans tous ses élémens ; et, sans s'embarrasser du mode de travail manuel, on cherche à remplir toutes ces conditions par les voies les plus simples et les plus en harmonie avec les règles de l'économie manufacturière ; mais ces sortes de productions sont, en général, réservées aux inspirations du génie, ou aux recherches du véritable mécanicien.

Après avoir développé le système entier des opérations mécaniques, et embrasssé tout l'ensemble des objets qui ont donné lieu, ou qui peuvent donner lieu à des combinaisons de cette nature, la science montre enfin où sont les questions utiles, importantes, où sont les questions oiseuses, ou absurdes ; elle trace les divers modes d'investigation propres à chaque genre de question mécanique ; elle explique l'influence que doivent avoir, sur chaque solution spéciale, les conditions de toute espèce dont le mécanicien ne peut et ne doit jamais s'affranchir ; elle s'efforce ainsi de ramener les esprits qui s'égarent si souvent dans des recherches puériles, dans de vains changemens de formes ou de constructions, à l'étude d'objets réellement importans pour l'industrie et l'économie publique.

TITRE VI.

Des Agens et des Opérations chimiques.

La chimie a fait d'immenses progrès depuis près d'un demi-siècle ; mais, en général, la théorie technonomique des agens et des opérations chimiques n'en a guère profité jusqu'à présent : nous ne voulons pas dire par-là que la chimie, dans son état actuel, n'offre point tous les moyens de fonder et d'éclaircir cette théorie, mais seulement qu'on n'a pas encore porté le flambeau de cette science sur tout le domaine de l'industrie chimique, et encore moins employé son excellente méthode d'investigation pour parcourir ce domaine, et le connaître dans tous ses détails.

C'est à cette méthode que la chimie doit tous ses progrès; c'est à l'emploi de cette méthode, bien plus encore qu'aux découvertes propres à la science, que l'industrie chimique doit quelques accroissemens partiels, et qu'elle devra ses perfectionnemens futurs.

On trouve quelques arts, ou plutôt des pratiques chimiques, dans la plus haute antiquité: mais l'industrie chimique, proprement dite, est toute moderne, et dans l'enfance encore sur plusieurs points de l'Europe.

Les philosophes, depuis les Grecs jusqu'aux trois quarts du XVIIIe. siècle, ont vainement cherché à élever la chimie au rang des sciences: elle n'a fait que quelques pas mal assurés dans cette longue suite de siècles; la méthode vicieuse, qu'on a suivie si long-temps, et avec une si aveugle persévérance, avait arrêté ses progrès à sa naissance.

Bacon de Vérulam, frappé des belles découvertes de Galilée sur les lois de la pesanteur et sur le système du monde; frappé sur-tout de la méthode nouvelle à laquelle on devait de si étonnans résultats, la généralisa, et montra comment il faut interroger la nature: mais, tout en combattant la méthode commune, sans la détruire, il ne put lui-même s'en préserver, lorsqu'il toucha, dans ses écrits, quelques sujets du ressort de la science chimique.

On était parti d'abord d'une hypothèse toute gratuite, comme d'un principe fondamental et avoué par l'observation, pour le début de cette science. Les uns dirent que tous les corps de la nature ne sont que des modifications du *feu;* les autres, que des modifications soit de l'*air*, de l'*eau*, soit de la *terre;* d'autres enfin, que des combinaisons à l'infini de ces quatre élémens prétendus. Cette dernière hypothèse a eu long-temps toute l'autorité d'un axiome.

Or, il est évident qu'en suivant cette marche, la chimie entière, ainsi que tous les arts chimiques, se trouvaient compris dans une seule question : Quelle est la loi de *transformation* que suit l'élément matériel, pour donner naissance à cette grande variété de modifications sous lesquelles la matière se présente à nous? Ou bien, en admettant deux, trois ou quatre élémens, cités plus haut, quelle est la loi des *proportions* que les élémens suivent pour former les différentes combinaisons matérielles?

Il est clair que, dans le premier cas, l'hypothèse d'un seul élément entraînant dans l'hypothèse d'une loi de transformation qui devenait le seul but qu'on pût se proposer, plaçait inévitablement et faisait tourner dans un cercle vicieux. Aussi, pour répondre à cette question, les philosophes grecs tombèrent-ils dans une logomachie absurde, absolument inintelligible.

Dans le second cas, la question était tout aussi insoluble, puisque l'hypothèse sur laquelle on la fondait était, ainsi que la première, absolument fausse. On chercha cependant des solutions, mais en s'égarant de plus en plus sur la route : on fit agir les corps les uns sur les autres, au moyen du feu et de l'eau; et au lieu de solutions même approchées de cette question, on trouva des données qu'on ne cherchait pas, des faits particuliers, qu'on n'expliqua que lorsque, plusieurs siècles après, on eut abandonné l'hypothèse.

L'on conçoit aisément que ceux qui, de ce faux point de vue, cherchaient à connaître la composition des corps, dûrent être frappés de la possibilité de résoudre deux grands problèmes d'utilité, et s'y attacher avec acharnement : la *transmutation des métaux* et le *remède universel*.

L'on conçoit en outre que, puisque les matériaux de la chimie étaient bruts et éparpillés, le petit nombre de procédés connus alors, et que nous appelons aujourd'hui *arts chimiques*, n'étaient que des pratiques grossières, dues au hasard, et qui passaient comme une sorte d'héritage, et sous le voile du secret, d'une génération à l'autre.

Les arts chimiques ont donc suivi le sort de la science, dans ces temps d'obscurité pour elle; mais, comme nous l'avons déjà dit, ils ne l'ont point partagé, lorsqu'une heureuse révolution dans les idées est venue établir cette science sur des bases solides, fixes, et lui donner un développement rapide.

Dès les premières recherches expérimentales sur la composition des corps, on reconnut que le feu avait une action plus ou moins sensible sur tous; que l'eau agissait sur un très-grand nombre; que le feu et l'eau détruisaient différentes combinaisons naturelles, et pouvaient en former de nouvelles; que cependant l'union des corps entre eux était très-limitée, quant au nombre des corps qui entraient en combinaison; qu'on ne pouvait réunir en une combinaison réelle autant de corps qu'on voulait, attendu qu'arrivé à un certain nombre, on produisait plusieurs combinaisons différentes au lieu d'une combinaison unique. On remarqua que certains corps se refusaient constamment à toute combinaison directe avec certains autres;

mais que souvent on parvenait à l'opérer au moyen de tels autres corps qui servaient d'intermédiaires; qu'en général les corps devaient être à un haut degré de division moléculaire, pour se prêter à une combinaison quelconque, et pour aider à leur action réciproque; qu'enfin les molécules des corps jouissaient d'une *force invisible* de combinaison, dont le degré variait pour chacun, selon les circonstances, mais principalement suivant la nature des corps qu'on mettait en contact avec celui-là, et que, dans tel cas, cette force amenait une combinaison unique par le contact de certains corps, et que, dans d'autres, elle produisait plusieurs combinaisons différentes, par l'échange respectif qu'elle provoquait entre les principes constituans des corps en contact.

On trouva, par induction, dans l'observation de ces nombreux phénomènes, divers moyens d'opérer artificiellement des combinaisons, et de décomposer, par conséquent, une foule de combinaisons naturelles; on soumit enfin à une critique rigoureuse l'hypothèse des quatre élémens, ainsi que la méthode suivie jusqu'alors, et l'on parvint à décomposer l'eau et l'air; au lieu d'une terre unique, on en trouva plusieurs ayant des qualités essentiellement différentes;

l'on sortit donc d'un labyrinthe dont on n'avait connu auparavant ni l'entrée ni l'issue, et l'on se proposa pour la première fois, sur la chimie, un problème général, avoué par une saine philosophie, savoir : *Quels sont les principes indécomposables des corps ?* La science, tout en marchant à pas de géant vers la solution de cette question capitale, a purifié les observations antérieures de tout ce que la méthode ancienne y avait laissé d'inexact ou d'erroné; elle a découvert sur son passage une multitude de faits nouveaux, non-seulement sur la nature et sur les proportions des principes constituans les plus simples des combinaisons naturelles, mais encore sur les lois de proportions auxquelles les principes constituans sont soumis, lorsqu'ils s'unissent entre eux, sur l'ordre de leurs combinaisons, ainsi que sur les circonstances favorables ou défavorables à leur action ou à leur union.

La science chimique, considérée dans ses détails, classe d'un côté les corps, en corps *simples* ou *indécomposés*, et de l'autre, en corps *composés*, d'après leur analogie, la nature de leurs principes constituans, et d'après l'action qu'ils exercent les uns sur les autres : action dont elle s'attache à bien connaître les phénomènes.

Plus puissante chaque jour, on la voit tantôt découvrir des caractères qui distinguent des substances qu'on avait confondues; tantôt ramener à l'identité de nature des corps qu'on avait mal-à-propos distingués; et tantôt parvenir à former des combinaisons jusqu'alors imposssibles.

Mais si on l'embrasse dans son ensemble, si l'on considère la direction générale que prend la marche de ses observations et de ses expériences, on voit manifestement que la chimie tend à un but suprême, qu'il n'est peut-être pas permis à l'homme d'atteindre; savoir : la *connaissance absolue des principes primaires des corps, et du système complet des lois de leurs combinaisons.*

Les idées historiques et générales que nous venons d'exposer sur la chimie, se rattachent moins à notre sujet par quelques rapports directs, que parce que nous avons à montrer en quoi la technonomie chimique diffère de la chimie pure, générale, et combien on aurait peu de raison de prétendre que celle-là n'est qu'une simple application de celle-ci : les considérations suivantes sont destinées à ôter toute incertitude à cet égard.

L'industrie chimique a en vue cinq grands objets principaux : 1°. les préparations fondamentales et préalables à faire subir aux substances qui doivent agir les unes sur les autres, et la séparation de celles qui ne sont point unies chimiquement : *filtration*, *décantation*, *solution*, etc., etc.

2°. Extraire d'une combinaison naturelle ou d'un produit artificiel, un corps ou un produit de nécessité, d'utilité ou d'agrément : *l'extraction des métaux des minerais qui les recèlent; le raffinage* ou *l'épuration des sels; l'extraction de l'amidon des céréales, du sucre des végétaux, de la colle des substances animales; la distillation; la sublimation*, etc., etc.

3°. Former des produits nouveaux, soit avec les principes constituans plus ou moins composés, et extraits préalablement des combinaisons naturelles : *les alliages métalliques, le tannage, le verre, le savon*, etc. ; soit en opérant instantanément la désunion des principes constituans d'une ou de plusieurs combinaisons naturelles en contact, pour les réunir en une combinaison nouvelle, comme cela se pratique dans les *dissolutions*, les *opérations de la teinture*, *de la fermentation*, etc., etc.

4°. Enlever à des matières brutes ou déjà préparées, quelque substance qui s'oppose ou à leur consommation dans cet état, ou à leur emploi dans des travaux ultérieurs : le *décrusage*, le *décapage*, l'*affinage*, la *dessiccation*, l'*évaporation*, le *blanchiment*, etc., etc.

5°. Enfin trouver les moyens les plus expéditifs, les plus économiques et les plus efficaces pour atteindre au but que chaque opération chimique se propose.

La réunion de ces cinq objets, rangés ici sans ordre, forme le but final de toute l'industrie chimique.

Le technonome s'attache à découvrir les rapports qui lient entre elles les opérations nombreuses, variées, qu'on exécute dans les différentes vues dont nous venons de parler; il les assemble et les coordonne; avant d'en suivre la marche dans chaque art particulier, il en expose le système général; et en expliquant les principes et les règles d'économie qui doivent les dominer toutes, il montre comment il faut les étudier et les conduire.

Ainsi, dans l'étude des opérations chimiques industrielles, la technonomie examine séparément : 1°. les *agens* qui opèrent, et les *matières* sur lesquelles ils opèrent; 2°. la nature des diverses *fonctions* dont ils sont chargés, et les *moyens employés* pour en déterminer ou pour en favoriser l'action.

Elle peut distinguer deux sortes d'*agens chimiques:* 1°. les *agens généraux*, qui sont : la *force de combinaison*, inhérente à la nature des corps, et le *calorique ;* 2°. les *agens particuliers*, à la tête desquels on peut placer *l'air*, *l'eau* et les *combustibles;* viennent ensuite les diverses substances chimiques que l'industrie emploie dans les opérations.

La chimie pure fait connaître les lois générales auxquelles les agens de la première sorte sont soumis. C'est aux recherches technonomiques qu'il appartient d'en suivre l'action simple ou combinée dans les différens travaux des arts, et de faire connaître les nombreuses modifications que cette action semble recevoir par l'influence des grandes masses qui sont en jeu, ainsi que par une foule de circonstances que le chimiste peut écarter dans son laboratoire, ou dont il peut se dispenser de tenir compte.

La chimie opère sur quelques grammes de matière; la technonomie opère sur des quintaux; l'une écarte à son gré, par exemple, la présence de l'air atmosphérique, se sert de vases rigoureusement inattaquables par les matières employées, et de matières d'une pureté à toute épreuve; l'autre ne jouit en général d'aucun de ces avantages : elle est enfermée dans un cercle de conditions pratiques qu'elle ne peut franchir, et qu'elle doit admettre comme bases de ses observations et de ses recherches.

Quant aux agens particuliers, la technonomie demande à la chimie la connaissance des propriétés distinctives des principes indécomposés des corps, et celle des phénomènes généraux de leur action respective dans les combinaisons : mais comme elle doit tour-à-tour examiner ces agens, et comme *agens matériels* exécutant un travail, et comme *matières premières* sur lesquelles l'action s'exerce, elle se place, pour les étudier, non-seulement dans le point de vue des arts en général, et eu égard par conséquent au but final qu'ils se proposent, mais encore sous le point de vue de chaque art en particulier : or, nous avons vu que le but de la chimie et celui de l'industrie chimique sont fort différens.

Il suffit, par exemple, au chimiste de connaître en général les propriétés du *tannin*, les principes dont il est composé, et leurs proportions respectives; les substances dont on peut le retirer, et comment on peut l'obtenir à l'état de pureté. Le technonome est obligé d'aller plus loin, et de savoir quelles sont les substances qui en fournissent le plus, à meilleur marché, et qui le contiennent dans un état tel qu'il puisse agir avec le plus d'efficacité, et de manière à offrir le produit le plus conforme aux vues des consommateurs.

Le chimiste considère les *peaux* comme une substance animale, sur laquelle le tannin exerce telle action; mais le technonome est obligé de chercher toutes les différences que présentent les diverses variétés de peaux ou de cuirs en poil, et comment l'on doit en conséquence varier les opérations qu'on leur fait subir, pour les disposer à recevoir *le mieux possible* l'action du tannin : il a à examiner, en outre, si tel mode de travail n'est pas plus dispendieux que tel autre; s'il convient à tous les lieux, et si les produits présentent les qualités requises sur les marchés où on les envoie.

Le chimiste qui voudra reconnaître une mine de fer, l'analysera avec une admirable habileté, et parviendra à retirer tout le fer qu'elle contient; mais le procédé du chimiste ne convient pas au technonome, qui ne peut, qui ne doit point employer les mêmes agens que lui :

l'un n'a d'autres vues que de séparer le fer pur de la combinaison minérale, peu importent la dépense, le temps et les moyens; l'autre cherche à obtenir du fer de telle *qualité marchande*, et avec le plus d'économie possible.

Dans ces exemples, on voit encore quelques analogies plus ou moins éloignées entre le but du chimiste et celui du technonome; mais nous pourrions citer plusieurs opérations de chimie industrielle, qui sont entièrement du ressort de la technonomie, et que le chimiste n'a pu être appelé à approfondir, parce qu'elles n'intéressent la science en aucune manière : telle est, par exemple, la *préparation des poils* ou le *secrétage* pour la chapellerie. Il ne s'agit point ici de connaître quels sont les principes constituans des poils et de la dissolution de mercure qu'on emploie communément dans cette opération; le point principal est de chercher de quelle nature est la modification que le poil éprouve par le secrétage, pourquoi cette modification est utile, et quelles sont les substances qui peuvent la produire. Or, cette recherche importante pour cette branche d'industrie, est purement technonomique.

Le principe d'action des agens chimiques particuliers, ou, si l'on veut, des molécules des corps en contact, dérive immédiatement de cette force de combinaison que nous avons considérée comme un agent général de l'industrie chimique, agent qui est à celle-ci ce que le mouvement est à l'industrie mécanique; ce qui revient à dire que ces deux forces, dont l'une se déploie d'une manière sensible dans l'espace, et dont l'autre, agissant dans le contact invisible des molécules des corps, est toute mystérieuse, fondent toute la puissance de la production; et qu'en dernière analyse, tout art, quel qu'il soit, consiste à savoir disposer convenablement de l'un ou de l'autre de ces deux agens suprêmes, ou de tous les deux à-la-fois.

L'action d'un moteur est, dans ses principes de développement, entièrement soumise à la volonté de l'homme qui peut la modifier à chaque instant; il est lui-même un moteur puissant. Il n'en est pas ainsi de la force chimique dont l'action n'est point, à parler rigoureusement, sous sa dépendance, puisqu'il ne peut ni la suivre de l'œil pour la modifier au gré de ses désirs, et à chaque instant qu'elle dure, ni la faire naître quand et comme il veut, puisqu'il ne suffit pas pour cela du simple contact de corps pris indistinctement, et que d'ailleurs le degré d'intensité absolue de cette force semble dépendre uniquement de la nature propre de chaque corps.

Cependant, il ne serait pas vrai de dire que cette force soit de tout point indépendante de l'homme, lorsqu'il la met en action, et que, témoin aveugle et oisif, il en attende l'effet sans y coopérer d'une manière au moins indirecte. Le *calorique*, dont l'homme dispose, est une espèce de force qui, agissant tantôt de concert et tantôt en opposition avec la force de combinaison, le met à même d'en favoriser et d'en régler l'action toutes les fois qu'elle a lieu; et si, dans les arts chimiques, le travail effectif se fait pour ainsi dire hors de sa portée et comme en secret (ce qui explique et l'ancienneté de leur existence et le peu de progrès de leur théorie), l'étendue, la perfection et l'économie du travail dépendent de la manière dont l'homme sait le conduire.

L'art de le conduire avec avantage consiste, en général, dans l'habileté des dispositions faites pour mettre les agens chimiques en fonction, et en particulier dans le choix judicieux des matières premières.

Ainsi les *appareils* de tous genres que la chimie industrielle emploie dans cette vue, sont à cette partie ce que les machines sont aux opérations mécaniques.

Les fonctions chimiques, comme, par exemple,

la *fusion*, la *distillation*, la *filtration*, la *dessiccation*, etc., etc., ainsi que les appareils au moyen desquels on les exécute, ont peu d'importance aux yeux du chimiste, et ne lui donnent pas matière à des recherches suivies et intéressantes pour la science ; le temps, le combustible, la forme des vases, la perte même d'une partie des matières préparatoires ou des réactifs, n'entrent en général pour rien dans les conditions des problèmes qu'il a à résoudre Il n'en est pas de même pour le technonome : ces fonctions, ces appareils, ces conditions diverses sont l'objet d'une étude toute particulière et de ses plus importantes observations. Distiller, pour le chimiste, n'est que l'apprêt d'un moyen pour atteindre à un but, souvent tout-à-fait étranger à cette opération : pour le technonome, l'opération même est son unique but ; il ne lui est pas indifférent de distiller un hectolitre en six ou douze heures ; d'employer pour le même travail une quantité double de combustible ; de se servir d'appareils dispendieux, d'une construction délicate, ou qui exigent beaucoup de soins et de main-d'œuvre dans le service.

Prendrons-nous un autre exemple encore? L'opération de la filtration se fait très-aisément dans un laboratoire avec du *papier Joseph* ; on y met d'ailleurs le temps nécessaire : aussi est-elle à peine définie dans un traité de chimie. Elle doit occuper au contraire, dans la technonomie, une place remarquable. On ne filtre pas en grand avec du papier Joseph ; et les moyens de filtration doivent être discutés d'une manière spéciale et dans une foule d'hypothèses et de conditions différentes.

Il en est ainsi pour la fusion, pour la dessiccation, en un mot, pour toutes les opérations des agens chimiques, dont nous n'avons cité que les plus simples, et qu'il ne nous est pas permis de détailler dans un ouvrage où nous n'avons, pour ainsi dire, que des distinctions à faire apercevoir, et des limites à poser.

Quant aux matières premières, la technonomie, en exposant la théorie économique, indique le choix qu'il y a à faire parmi les diverses qualités que le commerce fournit, leur valeur intrinsèque relative, et les lieux de leur production.

TITRE VII.

Résumé des titres précédens; Considérations générales sur la Technonomie.

Il résulte de ce qui précède, que toute opération manufacturière, de quelque nature qu'elle soit, consiste uniquement dans l'emploi d'une seule chose, qu'on ne définit point, et qu'on appelle *force*.

L'industrie en fait usage sous toutes les modifications qu'elle peut affecter matériellement, tantôt, comme nous l'avons déjà dit, lorsqu'elle produit des effets ou des mouvemens dans l'espace, et tantôt lorsqu'elle s'exerce mystérieusement entre les molécules des corps. En dernière analyse, c'est là l'agent et le seul agent immédiat de toute production industrielle.

L'art, dans le système général de cette production, consiste donc évidemment dans la manière de régler cette force, de l'approprier, de la modifier conformément aux vues de celui qui opère. D'où viennent ses progrès? D'une connoissance plus approfondie de la force dans le mode d'emploi sur lequel l'art est fondé.

On sait bien où l'on peut apprendre à connaître les lois générales de cette force, indépendamment de toute application industrielle; on sait aussi où l'on peut en voir l'usage, sans qu'on y puisse apprendre à la connaître, sans qu'on y sache ordinairement comment elle opère : et en effet, d'un côté le sanctuaire des sciences physiques spéculatives est ouvert, et de l'autre, la pratique des ateliers, ainsi que les moyens de copier leurs procédés, sont à la portée de tout le monde.

Ainsi, s'il ne s'agissait, pour hâter les progrès des arts, que de connaître ou les lois générales de la force, dans ses rapports avec les phénomènes de la nature et dans des vues purement spéculatives, ou bien les diverses manières empiriques d'en faire usage dans chaque genre de production industrielle, il ne resterait rien à faire pour l'instruction des hommes qui se destinent à la carrière des arts; la science dont nous essayons de donner ici une idée générale, n'aurait aucun domaine spécial. Mais l'intervalle qui sépare les sciences naturelles de la routine des arts est immense ; il faut jeter du jour sur les relations nécessaires qui les lient; s'il est difficile que la spéculation pure les démêle et y porte la lumière, il est impossible que l'empirisme les comprenne et sorte des voies que d'aveugles traditions lui ont ouvertes.

L'esprit a donc besoin d'être guidé par un corps de doctrine fondé sur l'étude des arts mêmes, pour passer de la contemplation de la force qui anime tout le travail de la nature, à l'examen des travaux dans lesquels l'homme met lui-même cette force en jeu, et pour apprendre à en régler l'action conformément aux lois immuables qui régissent cette grande variété de modifications qu'elle présente dans les différentes opérations de l'industrie.

Ces considérations nous paraissent non-seulement assigner d'une manière générale le domaine de la technonomie, mais encore poser les limites précises qu'elle ne pourrait dépasser qu'en empiétant sans utilité sur les sciences naturelles, ou qu'en s'égarant, sans aucun fruit, dans les manipulations spéciales et dans les plus petits détails de toute espèce d'arts et de métiers.

Ainsi la technonomie, dans sa partie purement technique, déroule devant elle le tableau général des opérations de l'industrie ; elle en étudie les agens; elle explique leur action par les principes qu'elle emprunte aux sciences physiques spéculatives, et s'arrête invariablement là où les lois de la nature cessent d'être ou de pouvoir être les ressorts principaux du travail, et où commencent nécessairement celui de la main et l'adresse individuelle que donne l'apprentissage d'un art ou d'un métier quelconque.

Les agens mécaniques et les agens chimiques dont nous avons parlé, représentent la force en exercice dans la production industrielle ; il est donc permis de conclure, comme nous l'avons fait, qu'une connaissance approfondie de ces agens dans leurs applications immédiates aux travaux de l'industrie, comprend une théorie complète, générale des manufactures ; qu'elle met par conséquent à même d'expliquer et de diriger, avec cette sécurité que donne l'intelligence des causes, toutes les opérations des arts. Et, en effet, que resterait-il à faire à quiconque aurait cette connaissance, pour être un habile manufacturier? d'aller recueillir dans les ateliers de la branche d'industrie à laquelle il se destinerait, les documens pratiques, les *tours de main*, en un mot *la méthode de faire* qu'on n'apprend point *sans voir* et sans voir long-temps, souvent même *sans faire* soi-même.

Remarquons bien qu'il ne s'agit, dans l'étude de ces agens, ni de se placer *en dehors* des faits qui rentrent dans la théorie directe des opérations manufacturières, ni de les étudier sous les divers points de vue qu'ils peuvent présenter d'une part aux spéculations de l'esprit, et d'autre part à l'adresse du travail individuel.

Ainsi, l'on n'a point à étudier, par exemple, *la vapeur*, *l'air*, *l'eau*, *le mouvement*, etc., etc, dans tous les faits et les déductions que la chimie et les sciences physico-mathématiques explorent, mais simplement dans leurs rapports avec l'usage qu'en fait ou que peut en faire l'industrie ; l'on n'a point non plus à montrer à *fabriquer* une *roue hydraulique*, ou une *machine à vapeur;* à montrer à *filer*, à *tisser*, à *tondre*, à *laminer*, à *distiller*, à *teindre* ou à *fondre*, comme métiers ; mais bien à expliquer les principes d'action et l'usage des machines, les différens genres de construction ; à faire la comparaison et la critique de chacun ; à exposer la théorie de chaque opération, le but qu'on se propose, les divers appareils qu'on emploie ou qu'on peut employer ; enfin la perfection qu'on atteint ou qu'on peut atteindre.

Mais il ne suffit pas de *savoir produire*, il faut encore produire avec le plus d'économie et le plus d'avantages possibles ; c'est sous ce dernier point de vue qu'il nous reste maintenant à considérer la technonomie.

Les sciences agissent, s'il est permis de le dire, sur elles-mêmes, et n'ont de relations qu'avec elles-mêmes ; les arts n'existent et ne prospèrent que par leurs relations avec les besoins de la consommation ; aussi les règles d'une bonne administration économique doivent-elles toujours dominer et tracer la marche technique d'une entreprise industrielle quelconque, pour en assurer et en étendre le succès.

DEUXIÈME PARTIE.

DE L'ÉCONOMIE MANUFACTURIÈRE.

Introduction.

AVANT d'aborder le sujet de l'économie manufacturière que nous allons tâcher d'esquisser et de distinguer de tout autre sujet analogue, en marquant les limites que la raison et l'observation attentive des faits semblent lui prescrire, il est nécessaire d'exposer brièvement nos vues sur *la science économique*, envisagée sous les divers rapports qu'elle peut présenter.

La science économique a pour objet l'étude des moyens qu'emploient les hommes pour améliorer leur sort, et de ceux qui peuvent servir à augmenter leur aisance ou leur fortune, tant sous le rapport de l'intérêt privé que sous celui de l'intérêt public.

Améliorer son sort est, comme le dit Smith, une tendance naturelle de l'homme et le principe de vie de toute société. S'il y a pour quelque individu aberration dans cette tendance, il n'y a jamais pour aucun refus absolu de s'y soumettre.

Deux seules voies légitimes lui sont ouvertes pour se procurer à lui-même cette amélioration : 1°. l'économie de ses dépenses ; 2°. l'activité et l'habileté de son travail.

Ainsi l'économie et le travail sont les sources premières de toute prospérité ou de fortune privées. Ils le sont aussi, en dernier résultat, de la fortune publique.

Les individus ou les familles, considérés isolément et dans leur conduite privée, puisent à l'une et à l'autre de ces sources, mais ne consultent que leur propre intérêt sans se croire obligés d'y comprendre celui des autres. Il y a dès-lors dans la société autant d'intérêts divers, et même opposés sous quelques rapports, qu'il y a d'individus ou de familles. A leurs yeux, la prospérité de l'un ne dépend point de celle de l'autre ; elle paraît même contraire. Il faut s'élever à de plus hautes régions pour voir tous les intérêts individuels d'un peuple dans une dépendance réciproque et indissoluble.

Là, il faut le dire, les calculs de l'intérêt privé disparaissent ; il ne s'agit plus de savoir comment s'acquiert la fortune individuelle, ainsi que doit le savoir le chef d'une famille ou d'une entreprise quelconque, mais de reconnaître quels sont les moyens de mettre chaque membre de la société dans le cas d'améliorer sa fortune ou d'acquérir de l'aisance par le travail. Un peuple ne serait pas dans un état prospère parce qu'une portion de ce peuple jouirait d'une immense fortune avec économie ou la dépenserait avec profusion, mais bien lorsque tous les individus jouissent chez ce peuple de quelque aisance qui leur permette au moins de se procurer les douceurs ordinaires de la vie.

La science économique se présente donc sous trois rapports généraux; savoir: 1°. sous celui de l'*économie domestique*, qui a pour but de *dépenser* journellement *moins* que son revenu, sous quelque forme qu'il ait lieu ;

2°. Sous celui de l'*économie industrielle*, dont le but est de produire le *plus*, avec le *moins de dépense* qu'il est possible ;

3°. Enfin sous le rapport de l'*économie politique*, qui ne peut avoir pour but que l'*aisance générale.*

Il importe grandement, selon nous, de ne pas confondre ces trois rapports divers, puisqu'ils ne donnent rigoureusement lieu ni aux mêmes observations, ni aux mêmes conséquences.

L'*économie domestique* tend à accumuler des capitaux pour chaque famille, et par conséquent à augmenter progressivement la masse générale des capitaux de la société ; l'*économie industrielle*, à les employer *fructueusement* dans des entreprises particulières ; l'*économie politique*, à en favoriser généralement l'emploi et la *répartition* par le travail.

Les deux premières montrent les règles d'une bonne administration, dans l'intérêt exclusif de chaque individu ou de chaque famille; la troisième, dans les intérêts réunis de la société toute entière.

Or, tant qu'on voudra confondre l'économie politique avec les deux autres branches de la science économique dont nous venons de parler, il arrivera fréquemment de trouver à une même question des solutions différentes et quelquefois opposées, selon qu'on se mettra dans le point de vue spécial de l'économie domestique, ou dans celui de l'économie industrielle. De là peut-être le défaut d'accord qu'on remarque dans les ouvrages d'économie politique. Si l'on traitait donc chaque branche de la science économique dans le point de vue qui lui est propre, nous pensons qu'on éloignerait de l'économie politique un assez grand nombre de questions controversées, et qui le seront aussi long-temps qu'on ne se placera pas sur le même terrain pour discuter.

On ne peut néanmoins disconvenir que ces trois branches de la science économique n'aient entre elles des relations intimes et nombreuses; mais chacune a une marche et des principes qui la caractérisent : les déductions de l'une ne sont pas toujours applicables à l'autre; et dans bien des cas, faire d'un principe général d'économie domestique ou industrielle, un principe d'économie politique, ce serait un paralogisme insoutenable. Ainsi, par exemple, restreindre le plus possible ses consommations d'utilité ou d'agrément, et acheter au plus bas prix possible, est une règle d'économie domestique : l'individu, la famille qui la suivent, peuvent y trouver leur bien-être, le maintien ou l'accroissement de leur fortune; mais faites-en une règle d'économie politique, vous sacrifiez les intérêts de tous ceux qui vivent des objets de consommation dont on se prive, et dont le prix est avili.

Employer le moins de bras possible pour un travail quelconque, en payer le plus petit salaire, et en vendre les produits le plus cher possible, est une règle d'économie industrielle. Nous ne pensons pas qu'on puisse jamais, en bonne logique et de bonne foi, en faire une règle d'économie politique.

Si donc chaque individu, chaque famille d'un état, se soumettaient entièrement aux règles les plus sévères de l'économie domestique; si chaque entreprise pouvait suivre librement et rigoureusement celles de l'économie industrielle, on ne voit point où pourrait s'arrêter le déclin d'une nation qui présenterait ce phénomène économique. Mais par une admirable combinaison de sentimens et d'intérêts divers, les penchans et les besoins sociaux de toutes espèces pour l'économie domestique et pour l'économie industrielle, la grande variété de travaux que ces penchans et ces besoins excitent d'un côté, et de l'autre, la concurrence dans les entreprises, multipliées sur tous les points, tempèrent la rigueur des règles, et mettant d'accord des intérêts qui semblent désunis et opposés, les font marcher de concert vers la prospérité publique. Tel est le mécanisme social dont l'économie politique est appelée seule à considérer et à favoriser le mouvement, sans pouvoir jamais prétendre lui imposer légitimement une direction spéciale, et chercher ainsi à imiter le chef de famille ou d'entreprise dans celle qu'il donne à la marche de ses affaires. Aux yeux de l'économie politique, telle que nous la comprenons, l'homme n'est jamais un moyen, mais un but.

Nous ne pouvons nous arrêter plus long-temps sur les distinctions fondamentales qu'il importe de faire dans l'étude économique, pour ne pas tomber dans l'erreur grave de soumettre à une théorie commune, des faits de nature fort différente. Ce que nous en avons dit, suffira, nous l'espérons, pour justifier le point de vue sous lequel nous nous proposons d'examiner l'économie manufacturière, et pour marquer les bornes qu'il nous a paru utile et même nécessaire de lui assigner.

Ajoutons cependant que l'économie manufacturière n'est qu'une branche de l'économie industrielle, qui, ainsi que l'industrie générale elle-même, doit être considérée sous trois points de vue distincts; savoir: sous celui, 1°. de l'agriculture: *économie rurale;* 2°. des manufactures: *économie manufacturière*; et 3°. du commerce pur: *économie commerciale.*

L'économie rurale et l'économie commerciale comportent chacune un traité particulier, et sortent du domaine de la technonomie, par les raisons que nous avons données au commencement de cet ouvrage, et qui peuvent s'appliquer à l'économie du travail, comme aux divers modes de l'exercer.

TITRE Ier.

Du Travail en général, sous le rapport économique.

Le travail est une condition sans laquelle il est impossible de concevoir l'existence de l'homme, considéré soit isolément, soit en société. A quelques étroites limites qu'on borne ses besoins, on ne peut se soustraire à cette condition impérieuse; et le droit de propriété, qui est le fondement de tout l'édifice social, dérive primitivement du travail. Suspendez-le par la pensée; le repos qui s'ensuit, anéantit l'espèce humaine: c'est comme si vous ôtiez l'attraction du code des lois de la nature physique.

Le travail cependant n'est un moyen de subsistance ou de fortune dans la vie civile, qu'autant qu'il s'applique à des choses de nécessité, d'utilité ou d'agrément; et dans ce cas, les avantages qu'on en retire croissent toujours en raison composée de l'intelligence et de l'habileté de celui qui s'y livre, et de l'étendue de la demande des produits de ce travail.

Les divers degrés des qualités inhérentes aux

produits du travail, nécessaires, utiles ou agréables, et quelques circonstances, comme la rareté, la nouveauté, et sur-tout le prix, eu égard à la situation économique du pays où il a lieu, concourent à en étendre la demande, ou plutôt tendent à augmenter le rapport de la demande à la production.

Or, c'est vers l'accroissement de ce rapport que doivent se diriger tous les efforts du travail, en se perfectionnant sans cesse, et en combattant la concurrence qui tend, sur tous les points et dans tous les genres de travaux, à niveler la production et la demande.

Depuis que le travail s'est divisé, c'est-à-dire, que ses produits ne sont plus en général destinés à la consommation immédiate de celui-là même qui les crée, mais bien à des échanges journaliers qui seuls l'animent et le soutiennent dans nos sociétés modernes, il présente des combinaisons d'une variété infinie, et des difficultés sans nombre à ceux qui veulent le faire servir à améliorer leur fortune.

Ces difficultés sont de plus d'un genre, et semblent se multiplier avec les progrès de l'industrie générale; progrès extrêmement remarquables depuis trente à quarante ans. Aujourd'hui une pratique nouvelle devient bientôt commune; il est rare qu'on puisse asseoir la fortune du travail sur des secrets que la rivalité ne tarde jamais long-temps à pénétrer : toutes les routes même paraissent battues et encombrées par la concurrence.

L'économie manufacturière s'attache à montrer, dans l'intérêt privé, sur quoi se fonde véritablement le succès du travail, au milieu de tous les intérêts rivaux, et de quelles armes il faut se servir dans cette lutte inévitable. Ce n'est ni en prodiguant son activité dans une routine obscure et usée, ni en s'abandonnant aux faux calculs de la tromperie, qu'on pourra en sortir victorieux.

Elle montre enfin qu'il reste bien à faire à l'habileté persévérante, et à une bonne-foi inflexible : car il en est des combinaisons du travail comme des idées et des opinions. La plupart des hommes aiment mieux suivre un chemin tracé, que de s'en faire un.

TITRE II.

Examen économique des divers modes de production manufacturière.

Nous venons d'indiquer dans le titre précédent les remarques que la science nous paraît avoir à faire sur le travail industriel, de quelque nature qu'il soit, et considéré en quelque sorte d'une manière abstraite dans ses rapports généraux avec la demande. Dans celui-ci, nous essayerons d'établir comment elle en fait l'examen sous les divers modes qu'il présente dans les arts, et s'il faut le rappeler encore, sous le seul point de vue de l'intérêt privé.

La division technique des modes généraux de la production établie au commencement de cet ouvrage, porte sur une distinction capitale à faire dans l'ensemble des travaux de l'industrie, et qui se rattache, sur-tout par des rapports moraux, aux questions les plus profondes de l'économie politique; distinction qui sépare les travaux pour lesquels l'attention et l'adresse de l'homme sont indispensables, de ceux dans lesquels les agens de la nature peuvent la remplacer avec plus ou moins d'avantages.

Cette division, qu'adopte aussi l'économie manufacturière, s'applique de tous points à la nature de ses recherches.

Elle doit faire entrer cependant dans ses considérations une foule de travaux que la première partie de la technonomie n'a pu comprendre dans ses principes généraux, qui, comme nous l'avons vu, n'ont de prise que sur l'emploi de la force, quels que soient et l'agent qui la donne, et les modifications qu'elle présente.

Il y a en effet, sous le rapport économique, une telle corrélation entre les métiers et les manufactures ou fabriques proprement dites, qu'on peut, dans une seule vue, confondre ceux mêmes qui, sous le rapport technique, semblent essentiellement séparés.

C'est pourquoi une des premières règles de l'économie manufacturière prescrit pour tous la division du travail, ou plutôt la subdivision des procédés d'un même art dans plusieurs mains; car il ne s'agit plus ici de cette division de travaux qui s'est opérée à la naissance de l'industrie, et dont nous avons signalé le caractère fondamental dans le titre précédent, avec l'auteur des *Recherches sur la richesse des nations* : celle-ci a donné à la société un aspect nouveau en y jetant un nouvel élément, une nouvelle sorte de propriété; celle-là n'a d'autre effet que de rendre encore plus prompt, plus facile et moins coûteux, le travail déjà soumis à cette grande division primordiale.

Mais jusqu'où peut-on porter avantageusement cette subdivision? N'y a-t-il pas, dans la nature même des choses, des limites qu'on ne peut franchir sans dommage? Comme nous n'avons dans cet ouvrage que des idées générales, et parfois des *desiderata* à produire, il ne nous est pas permis d'entrer sur ces deux questions fort importantes dans une discussion qui n'appartient qu'au développement complet de l'économie manufacturière. Nous nous bornerons donc à répondre que, pour tous les arts, la subdivision doit s'arrêter au moment de partager une opération qui peut s'exécuter entièrement ou par le même mouvement, ou par le même outil ou instrument.

Une subdivision raisonnée et la plus étendue possible est spécialement prescrite pour les travaux où l'on n'emploie que de la main-d'œuvre : la promptitude, la sûreté et le fini de l'exécution augmentent, sur-tout dans une grande entreprise industrielle, comme le nombre des opérations partielles, que l'on confie au même ouvrier, diminue.

Mais lorsqu'on en vient, dans beaucoup de travaux, à substituer des machines à la main-d'œuvre, ou à employer des procédés ou des appareils chimiques mieux entendus, plus perfectionnés, cette grande subdivision disparaît, et l'on réunit avec avantage dans les mêmes mains la conduite de plusieurs opérations.

Cette substitution ne peut cependant pas toujours avoir lieu : nous avons vu dans la première partie que tous les travaux mécaniques ne sont pas indistinctement de nature à être exécutés par des machines : les uns ne s'y prêtent en aucune façon; les autres ne s'y prêtent que partiellement, comme il en est qu'on peut exécuter complétement par machines.

Remarquons maintenant que la science de la mécanique a pour but trois objets essentiellement différens sous le rapport économique, et que le développement de sa puissance, comme agent de production, peut être considéré dans trois périodes diverses qu'il importe également de distinguer.

Dans la première, elle a appris non-seulement à donner à la force physique de l'homme toute la puissance possible, mais encore à faire usage des forces inanimées pour remplacer celle-là. La science y est fort avancée; il semble même que sur ce point elle soit à-peu-près au bout de sa carrière. C'est par-là que la mécanique s'est montrée aux hommes dès les temps les plus reculés.

Dans la seconde, elle a tracé des combinaisons de mouvemens au moyen desquelles elle exécute complétement des travaux qui exigeraient le concours de plusieurs mains exercées.

Son but ici est d'augmenter les produits d'un travail, de les exécuter avec plus de précision, et d'en diminuer le prix en diminuant l'emploi de la main-d'œuvre précédemment attachée à ce travail. Ainsi, par une tendance naturelle, elle cherche incessamment à soumettre à ses combinaisons toutes les espèces de travaux qui en sont susceptibles, et à rassembler tous les avantages qu'elle a acquis ou qu'elle peut acquérir dans ses deux premières périodes d'accroissement, c'est-à-dire la force et l'adresse avec le moins de main-d'œuvre possible. Il semblerait donc qu'ici la science et l'économie s'entendent pour déshériter successivement les hommes de divers travaux que les machines envahissent; c'est du moins le premier fait qui frappe lorsqu'on ne considère qu'une face de ce phénomène de la civilisation et des progrès de l'esprit humain.

Cette période d'avancement de la science est toute moderne; il lui reste toutefois bien des recherches, bien des combinaisons à faire pour arriver au point où elle est dans la première. C'est en Angleterre qu'elle a pris le plus de développemens pratiques; développemens qu'on ne peut attribuer qu'à la nature du système commercial et à la position économique de ce pays.

La science, depuis plus de trente années, a fait de grands pas dans les deux périodes précédentes; elle entre à peine dans la troisième, qui pourtant n'est pas moins importante, et qui, sous plusieurs rapports, s'accorde peut-être mieux avec l'état actuel de la société.

Dans cette troisième période, la condition fondamentale de faire plus de travail avec moins de bras disparaît dans les problèmes mécaniques que nous lui attribuons. Cette condition du moins y est tellement secondaire, qu'on peut toujours la négliger; et voici dès-lors sous quelle forme ces problèmes se présentent : trouver des combinaisons mécaniques au moyen desquelles une main-d'œuvre quelconque puisse exécuter, de la manière la plus parfaite et sans apprentissage préalable, un travail ou des opérations qui exigent un long apprentissage; ou bien trouver des combinaisons par lesquelles on diminue la fatigue ou les incommodités du travail, ou par lesquelles on n'ait à craindre ni le défaut d'attention ni la mauvaise volonté des ouvriers dans les opérations qu'on leur confie.

Les avantages que l'intérêt privé retire de l'emploi de ces diverses sortes de combinaisons mécaniques, à quelque période qu'on les rapporte, sont dépendans du genre de travail, de la position des producteurs, des localités et de plusieurs autres circonstances que l'économie manufacturière est appelée à soumettre à un examen détaillé et approfondi. Quelle que soit, au reste, l'espèce de combinaison qu'on emploie, l'économie, dans les travaux mécaniques, résulte principalement et en général de la perfection des machines employées. Mais dans les travaux chimiques, elle peut résulter également soit de la perfection du procédé, soit de celle de l'appareil dont on se sert. C'est un double point de vue sous lequel on ne peut se dispenser d'examiner les travaux de ce genre. L'économie manufacturière recueille par cet examen de nombreuses différences qui ne lui permettent pas de soumettre de tout point aux mêmes règles ces deux genres de travaux.

Ce que nous venons de dire se rapporte entièrement aux divers moyens de tirer le parti le plus avantageux de chaque mode de travail industriel, eu égard aux diverses circonstances où l'on se trouve ; il s'agit maintenant de jeter un coup d'œil sur une nouvelle série de questions qu'il importe à la science d'approfondir, et qui se lient, par de nombreux rapports, à toutes celles qui font l'objet de ce titre, savoir, par exemple : quels sont, dans l'intérêt privé, les travaux industriels les plus profitables de leur nature, et dont les profits sont les plus assurés? Quels sont ceux dont les profits sont essentiellement soumis au plus grand nombre de chances?

Pour répondre à ces questions, ou plutôt pour ranger par degré d'avantage naturel chaque genre de travail, l'économie manufacturière divise les travaux divers en quatre grandes classes, savoir : 1°. Ceux dont les produits se consomment dans le canton ou dans la contrée même où ils sont exercés;

2°. Ceux dont les produits se vendent et se consomment uniquement dans le royaume;

3°. Ceux dont les produits se vendent dans l'intérieur et à l'étranger;

4°. Enfin, ceux dont les produits se vendent à l'étranger seulement.

Chacune de ces classes se subdivise elle-même en plusieurs genres, savoir : 1°. les entreprises dont les matières premières sont des produits du pays, et employées, soit brutes, soit avec un commencement de travail; 2°. celles qui emploient des productions étrangères brutes ou déjà travaillées; 3°. celles qui font usage de matières premières étrangères et nationales tout à-la-fois; ces entreprises ajoutent peu de prix à celui de la matière brute, ou elles le doublent, le triplent, ou le travail y fait presque tout le prix, ou bien l'on y emploie plus ou moins de main-d'œuvre avec ou sans intelligence; enfin les opérations de ces entreprises se font à forfait, en tout ou en partie, dans les maisons mêmes des ouvriers ou d'entrepreneurs particuliers.

Chacune de ces classes, comme chacun de ces genres de travaux, s'applique à des objets de nécessité, d'utilité ou d'agrément, parmi lesquels il faut bien encore remarquer des degrés au point de civilisation où nous sommes.

Il est, selon nous, indispensable de se livrer à cette analyse préliminaire pour trouver des solutions utiles aux questions posées plus haut. Ce n'est pas d'ailleurs sous ce seul rapport que cette analyse doit paraître importante; c'est encore parce qu'elle sert à démêler une foule de questions compliquées de l'économie manufacturière, dont nous allons suivre l'exposé.

TITRE III.

Des Règles pour la formation des établissemens industriels, et de l'influence des localités sur ces établissemens.

Après avoir guidé dans le choix du genre de travail qui, suivant les circonstances, convient le mieux à l'intérêt privé, la science doit apprendre à choisir aussi pour l'établissement qu'on projette le local le plus avantageux et le mode le plus sage de l'élever ; c'est là le principal objet de ce titre.

Plusieurs choses déterminent le choix du local ou de l'emplacement selon la nature de l'entreprise, savoir : la proximité des matières premières ; celle des marchés pour la vente des produits ; le bon marché et l'abondance de la main-d'œuvre ; l'existence d'ouvriers habiles et exercés de longue main au travail qu'on veut entreprendre, ou d'artistes propres à seconder les vues de l'entrepreneur ; la facilité de se procurer des moteurs inanimés et l'abondance des substances combustibles ; enfin l'étendue, la facilité et le bon marché des communications. Une seule de ces circonstances suffit quelquefois pour rendre les localités favorables.

Une autre circonstance mérite aussi une attention toute particulière, et devient le sujet d'une des questions les plus importantes et les plus générales qu'on puisse se proposer sur le choix du local : c'est la multiplicité des établissemens du même genre dans la même contrée.

Cette multiplicité produit, suivant les circonstances, des effets diamétralement opposés, que la science remarque avec soin : elle étouffe l'industrie lorsqu'il y a une grande concurrence pour les achats des matières premières, pour la main-d'œuvre, pour la recherche des emplacemens convenables, ainsi que pour la vente des produits; et lorsqu'avec tout cela l'on se trouve très-près des lieux de production des matières premières, et que l'étendue de la vente est rigoureusement renfermée dans certaines limites, il y a action et réaction d'intérêts contraires, lesquels à la longue finissent par être froissés et les uns et les autres.

Pour d'autres branches et dans d'autres cas, la multiplicité d'établissemens du même genre sur un même point est la source du développement de l'industrie et de l'accroissement de sa prospérité : les matières premières y trouvant un débouché considérable, assuré, affluent de tous les lieux de production, et la concurrence des vendeurs tourne ainsi au profit du fabricant; la main-d'œuvre y est fournie, exercée aux frais de tous; tous les moyens de fabrication y abondent, et les demandes de produits se concentrant sur un seul point et s'adressant de toutes parts aux mêmes lieux, rendent les ventes promptes, faciles, abondantes.

C'est donc en mettant en rapport les différentes qualités qui distinguent essentiellement le genre d'entreprise projetée avec chaque circonstance locale dont nous venons de parler, que l'économie manufacturière montre les bases sur lesquelles on peut fonder une prudente détermination pour le choix du lieu de l'entreprise, et à quels mécomptes l'on peut s'exposer lorsqu'on laisse au hasard, à quelques considérations étrangères, ou bien à une vague envie de faire, le soin de décider.

Le lieu choisi, il faut élever l'établissement; et en général quels que soient les capitaux disponibles, son développement primitif doit être étendu ou resserré selon sa nature, la nouveauté de son espèce, et eu égard au lieu où on le place; ajoutons que l'établissement peut y être tout-à-fait nouveau, ou y être connu et exploité depuis plus ou moins de temps; circonstance à apprécier pour la détermination de ce développement.

Mais, quel qu'il soit, six capitaux ou six portions d'un capital suffisant sont rigoureusement nécessaires pour former un établissement solide; qu'ils appartiennent ou non à l'entrepreneur, il faut qu'il les ait à sa libre disposition : le premier est destiné à la construction des bâtimens ou à l'arrangement du local; le deuxième à la construction ou à l'achat des machines, instrumens ou appareils; le troisième est représenté par la valeur des matières premières achetées sur les lieux de production ou dans les dépôts, et souvent en route pour arriver à l'établissement; le quatrième, par la valeur des matières premières en magasin et en travail; le cinquième est destiné au paiement des ouvriers et aux divers frais de fabrication; le sixième enfin est représenté par les marchandises fabriquées qu'on a ordinairement en magasin, qu'on expédie et qu'on livre à crédit.

La libre disposition d'un capital assez grand pour accomplir en totalité ces divers services, est un préliminaire indispensable à la formation d'un établissement industriel.

La science remarque que ces divers services sont solidaires entre eux; elle explique comment la gêne de l'un rend la marche d'un établissement incertaine et chancelante ; et après avoir établi solidement la nécessité d'user d'une sévère économie dans l'emploi de cette portion de capital destinée aux bâtimens, et montré dans tout leur jour cette dangereuse manie, cette puérile vanité de construire un palais là où un simple hangar pourrait suffire, elle discute les bases d'après lesquelles on doit en général répartir dans chaque genre de manufacture le reste du capital pour les cinq autres services, afin de donner à l'établissement une marche assurée et à l'abri d'une foule de chances défavorables qui l'obsèdent sans cesse.

TITRE IV.

De la Conduite des établissemens industriels envisagée sous tous les rapports qu'elle présente.

Les entreprises industrielles les mieux choisies pour les profits qu'elles promettent, et les plus favorisées par les circonstances locales, ne peuvent prospérer, ou du moins ne peuvent avoir une prospérité durable, si elles ne sont sagement et habilement gouvernées. Souvent même la manière de conduire une entreprise et la connaissance approfondie des agens et des choses qui se rattachent aux travaux qui la constituent, donnent un succès et des avantages que, par sa nature, elle ne semblait point comporter. C'est ainsi qu'en dernier résultat l'intelligence, l'habileté et le calme dans le maniement des affaires, peuvent niveler jusqu'à un certain point les avantages respectifs des divers genres de travaux industriels.

Plusieurs sujets importans se présentent à l'examen de l'économie manufacturière pour ce qui concerne la conduite générale des établissemens d'industrie, et terminent le cours de ses observations.

Ces sujets sont : 1°. la statistique industrielle; 2°. la direction spéciale de la fabrication proprement dite; 3°. les systèmes d'achats de matières premières et de ventes des produits fabriqués; 4°. la comptabilité manufacturière; 5°. l'influence de la consommation et du goût sur le système de fabrication et réciproquement; 6°. enfin les rapports moraux du chef d'entreprise avec les ouvriers ainsi qu'avec les consommateurs.

Donnons quelques idées générales sur chacune de ces matières.

Les recherches statistiques de l'économie manufacturière ont pour objets les matières généralement en usage dans les fabriques; les lieux d'où on les retire; l'examen des qualités respectives de chaque espèce d'un même genre; l'histoire du commerce de ces matières; les causes qui ont actuellement de l'influence sur les variations de leurs prix; les lieux où elles sont ordinairement à meilleur marché. La science s'attache encore à reconnaître quelles sont, pour un pays en particulier, les matières premières qu'on n'importe qu'après avoir reçu un commencement de travail à l'étranger, et qu'il pourrait être avantageux d'acheter brutes; elle expose les changemens opérés à diverses époques dans le commerce des matières premières de cette nature, et signale les branches d'industrie auxquelles ces changemens ont donné lieu et celles qui pourraient encore s'établir; elle énumère les principales matières que le pays vend à l'étranger; elle cherche pourquoi ces ventes ont lieu, sans qu'on se réserve de les travailler avant l'exportation, et par quels motifs les étrangers les retirent du pays.

Passant ensuite en revue les grandes manufactures de l'Europe, la science recherche pour chaque contrée les prix moyens auxquels reviennent les matières premières, et remonte aux causes des différences qui existent entre chaque pays, tant pour les qualités que pour les prix.

Elle se demande quels sont les objets qu'on fabrique dans certaines contrées de l'Europe et qu'on ne fabrique point dans d'autres; pourquoi ceux-ci ne se sont point adonnés à cette branche d'industrie; s'ils ne le pourraient pas avec avantage; enfin elle se demande quels sont les débouchés principaux des produits manufacturés les plus importans pour les divers pays de manufactures, et quels sont les avantages respectifs de chacun par rapport à ces débouchés.

Tels sont les faits à exposer et les questions à résoudre sur le premier sujet de ce titre.

Sur le second : la direction de la fabrication; la science expose comment le travail doit être divisé et distribué selon ses divers modes, pour que l'établissement marche avec régularité sans secousses, comme sans indolence; comment les choses doivent être disposées, et les ateliers coordonnés, pour que l'ouvrier ne fasse point un mouvement inutile, et que les fonctions de chacun n'exigent, pour ainsi dire, aucun déplacement. Tout étant à sa place, sous la main, rien ne se consomme inutilement, et l'action des forces et de agens divers est rigoureusement et convenablement épargnée.

L'ouvrage se fait dans de grands ateliers, où se réunissent tous les ouvriers; ou bien on le confie à des ouvriers qui travaillent chez eux: les localités et les agens de travail décident pour l'un ou l'autre mode.

Dans ces deux cas, il y a des méthodes diverses, et plus ou moins heureuses, pour rendre la surveillance efficace, pour obtenir des produits comme on les désire; pour mettre l'ouvrier dans l'obligation de remplir rigoureusement son devoir, et le fabricant à l'abri des infidélités, du caprice ou de l'incurie de celui-là.

Si la main-d'œuvre doit être intelligente, il y a nécessairement des apprentissages, et chaque pays, chaque atelier même, suit quelquefois un mode différent de diriger l'apprentissage; d'en fixer la durée, d'en hâter le succès, d'en diminuer les dépenses, soit pour le genre et la méthode de perfection de travail qu'on donne à faire aux apprentis, soit par l'obligation, dans laquelle on les met, de suivre leurs engagemens et d'en prolonger la durée.

Les termes de paiement des ouvriers varient aussi. Cet objet a de l'importance, lorsqu'on emploie un grand nombre d'ouvriers, et que, sans leur nuire, on peut fixer ces termes à son gré.

Le travail n'est pas toujours payé à la journée; il l'est quelquefois par heure; par quantité d'ouvrage fait, ou à forfait, par un ou plusieurs ouvriers, travaillant ensemble au même objet. Ici on trouve convenable de faire dégrossir par l'un et achever par un autre; là, l'ouvrier commence et achève le travail.

Enfin, la science examine les divers systèmes d'association, ainsi que les divers modes de diriger le travail d'un établissement, soit par une seule personne avec des subordonnés intéressés ou non intéressés, soit par plusieurs associés, ayant chacun la même autorité.

Pour ce qui regarde le troisième sujet, les achats et les ventes, auxquels nous croyons nécessaire de donner un peu plus de développement qu'aux précédens, l'économie manufacturière recherche les usages établis pour l'achat des matières premières dans les différens lieux de production ou d'entrepôt, s'il y a des époques d'achats plus profitables les unes que les autres pour les matières premières les plus importantes.

Les matières premières sont extraites ou achetées à proximité de l'établissement, ou on les retire de contrées éloignées. Plusieurs questions s'élèvent dans ce dernier cas : ces matières premières sont-elles d'un transport difficile, coûteux, entravé par diverses circonstances? leur volume augmentant les frais de transport, n'en est-il point qu'on pourrait réduire à un volume moindre avant l'expédition? les lieux d'où on les tire habituellement sont-ils bien les plus favorables, soit pour les prix, soit pour les qualités qui conviennent à la fabrication? ne néglige-t-on pas, dans certaines branches d'industrie, d'en employer qui conviendraient mieux, parce qu'on ignore la manière de les traiter? est-on obligé de faire des approvisionnemens considérables, et, dans ce cas, y a-t-il des raisons suffisantes pour laisser ainsi chômer des capitaux? les circonstances qui nécessitent ces approvisionnemens ne pourraient-elles pas être écartées, et ne pourrait-on pas rendre, à une circulation plus active, une partie des fonds employés à des achats trop considérables? enfin, la concurrence dans les achats ne nuit-elle pas au développement de l'établissement? ou bien encore, celui-ci n'est-il pas arrêté par la pénurie des matières premières, soit périodiquement, soit éventuellement?

Quant à la vente ou commerce des produits,

ce commerce est bien assujetti aux règles générales du commerce; mais il a aussi ses règles particulières, dont la science cherche à découvrir les fondemens.

Et d'abord, de bonnes matières premières; d'habiles procédés de fabrication; une surveillance active et éclairée; au-dedans et au-dehors, une attention soutenue sur les diverses phases de la consommation, donnent aux produits manufacturés la perfection qui les font rechercher dans le commerce.

S'il est intéressant de démêler, dans le système entier de fabrication, les vraies causes, souvent peu apparentes, de la supériorité d'une fabrique sur une autre, il l'est plus encore de remonter à la source de la défaveur qui frappe les produits de diverses branches d'industrie sur certains marchés.

Le plus petit défaut d'attention, la moindre négligence dans la fabrication, suffisent quelquefois pour donner aux produits cette défaveur qui paralyse une fabrique.

Il faut bien dire cependant que ce n'est pas toujours la bonne qualité à tel degré qui fait préférer les produits de telle fabrique à ceux de telle autre : tantôt c'est le bas prix du produit, fût-il d'une fabrication moins parfaite, qui excite la préférence des consommateurs; tantôt c'est la mode, c'est l'habitude d'un produit de telle forme; tantôt enfin c'est l'étendue de crédit que le fabricant accorde aux acheteurs.

Ainsi donc, déterminer, avec autant d'exactitude que le sujet le comporte, les motifs qui font préférer les produits des manufactures rivales, nationales ou étrangères; indiquer les lieux où telle branche d'industrie trouve un écoulement que telle autre analogue peut à peine aborder, et remonter à la source de ces préférences souvent bizarres, c'est jeter un grand jour sur le commerce des manufactures.

Ce commerce se fait, 1°. dans les lieux circonvoisins, sans jamais s'étendre au-delà; 2°. sur différens points plus ou moins éloignés du dedans et du dehors.

L'économie manufacturière cherche les raisons qui limitent souvent assez étroitement l'étendue des marchés pour certains genres de manufactures, et quelles pourraient être les améliorations ou les changemens qui reculeraient ces limites, en augmentant la concurrence des acheteurs.

Quant aux prix des produits manufacturés, ils varient par diverses causes, sans parler de celles qui sont communes au commerce des manufactures et au commerce pur des marchandises.

Dans le premier, on remarque un mouvement de baisse ou de hausse nécessaire et durable, et un autre variable, qui cesse et se renouvelle avec les circonstances qui le font naître.

On trouverait peu d'anciens établissemens d'industrie, dont les produits soient restés à l'ancien taux et à des prix constans. Il y a eu de fréquentes variations à diverses périodes. Il importe à la science d'en exposer les causes et d'en suivre la marche avec attention. Donnons une idée de ces causes :

Extraction plus abondante des matières premières, achats mieux combinés, ou préparations plus économiques de ces mêmes matières; amélioration des procédés; introduction de machines utiles; multiplication d'établissemens du même genre; influence favorable du gouvernement, etc.; ou bien dans un sens différent, diminution de la consommation par l'introduction de produits nouveaux plus conformes aux goûts du jour, etc.; voilà pour la baisse permanente.

Trop de demandes de matières premières, qui renchérissent celles-ci; achats plus onéreux et plus difficiles par diverses causes, rareté de la main-d'œuvre ; extension du marché; dispositions politiques spéciales, etc., etc.; ou bien, dans un autre sens : accroissement de l'aisance générale, voilà pour la hausse permanente.

Il est vrai de dire qu'il peut arriver que l'action contraire de deux ou de plusieurs de ces causes neutralise l'effet de chacune, et le rende inappréciable en divers cas particuliers; mais, en général, l'économie manufacturière a toujours à démêler un résultat positif dans l'action de toutes ces causes.

Quant à la fluctuation de prix qu'éprouvent les produits manufacturés, elle peut dépendre de la stagnation périodique ou éventuelle des fabriques; de la diminution ou de l'augmentation de la production sur quelques points; de l'abondance ou de la rareté des arrivages des matières premières; de l'augmentation ou de la diminution momentanée des demandes; des époques de dépenses plus ou moins fortes pour le fabricant; de circonstances politiques accidentelles, etc.

Mais le fabricant obtient-il toujours de ses produits le prix que payent les consommateurs? disons-mieux : la différence qui existe entre le prix de fabrique et le prix à la consommation ne surpasse-t-elle pas beaucoup trop le profit ordinaire d'un marchand en gros? Ceci dépend de la manière dont le fabricant opère la vente de ses produits.

Les ventes se font, soit directement aux consommateurs, soit par l'intermédiaire ou de commissionnaires ou de marchands en gros et en détail. Quelquefois elles ont lieu à des époques fixes et déterminées, comme aux diverses foires établies en Europe; ou bien dans des halles, ou dans des entrepôts publics ou privés; il arrive même, rarement à la vérité, que des fabricans vendent à des voituriers qui, dans ce cas, font l'office de marchands.

Or, le mode le plus profitable pour le fabricant, serait de vendre directement aux consommateurs. On le peut quelquefois; mais souvent la conduite d'une grande fabrique s'égarerait dans les détails dans lesquels ce mode l'entraînerait.

On peut dire, au reste, que plus le fabricant se rapproche du consommateur, plus il a d'avantage sous le rapport du prix qu'il obtient de ses produits : car ce prix baisse pour lui et s'élève pour le consommateur, en raison du nombre de marchands intermédiaires, de divers ordres, qui les séparent.

Beaucoup de circonstances toutefois déterminent le choix du mode de vente : les principales sont la destination des produits, la situation commerciale des fabricans et des acheteurs; la proximité ou l'éloignement des marchés, la durée de la fabrication, le prix et le mode d'achat des matières premières.

Lorsque les vendeurs intermédiaires sont nationaux, le fabricant perd quelques avantages en se servant de leur ministère; mais la société y gagne, parce que le produit fabriqué offre une prérogative de plus : celle de favoriser la circulation. Ces vendeurs, par leur nombre, ont une assez grande influence sur la production et la consommation.

Mais si les vendeurs intermédiaires sont étrangers, cette influence appelle une plus grande attention. Un surhaussement de prix indiscret peut nuire au fabricant, qui jusqu'alors a obtenu de la faveur sur les marchés étrangers, et favoriser l'entrée de ces marchés à des concurrens plus adroits ou plus habiles commerçans.

Ces observations s'appliquent principalement à ces espèces de produits qui admettent une grande étendue de débouchés; et, à ce sujet, il se présente une nouvelle question importante : savoir s'il est plus avantageux aux fabricans de vendre au loin, que dans les contrées voisines de l'établissement.

Lorsqu'une branche d'industrie a pris un certain degré de développement, il arrive ordinairement que des ouvriers intelligens et économes, qui ont amassé un petit capital, établissent, à côté des grandes manufactures, une foule de petites qui entrent en concurrence avec elles.

Dans ce cas, les grandes manufactures peuvent trouver plus avantageux d'aller vendre au loin, et d'abandonner aux petits fabricans les marchés voisins. Ils se ruineraient en voulant lutter les uns contre les autres. Les grands pourraient faire des sacrifices momentanés; mais les petits pourraient, au besoin, se contenter d'un salaire modique. Ils s'écraseraient donc dans cette lutte imprudente. Ainsi, le système de vente à adopter serait de revenir de la circonférence au centre; d'écouler les produits d'abord dans les marchés les plus éloignés, et de les répandre ensuite, suivant les besoins, dans les lieux voisins de la production.

Ce système, qui peut être avantageux sous beaucoup de rapports, exige néanmoins de gros capitaux, des relations sûres, des voyageurs intelligens; toutes choses hors de la portée des petits fabricans.

Quant au système d'après lequel on étend la vente, en s'éloignant progressivement du centre vers la circonférence, il a des avantages sur l'autre, lorsque le genre de fabrication n'admet que peu ou point de petits fabricans, et que les acheteurs voisins ont besoin de grands crédits.

Au surplus, les fabricans ne doivent jamais se consumer en efforts, dans une lutte de concurrence, sur un marché voisin : il y a trop de froissemens dans la foule. L'habileté consiste ici à porter au loin le goût et la renommée de ses produits.

Pour les produits, nous ne dirons pas de première nécessité, mais d'utilité, les fabricans en conservent peu en magasin : la production, en temps ordinaire, est proportionnée à la vente et suit, d'aussi près qu'il est possible, les ordres des commettans.

Que si les magasins de ce genre étaient habituellement encombrés, on pourrait dire en général qu'il y aurait un vice inhérent à l'administration intérieure de l'établissement. Si cet encombrement était accidentel, cela regarderait plutôt l'administration publique, ou quelques circonstances politiques éventuelles.

Il n'en est pas de même pour les manufactures d'objets de mode. Leurs magasins doivent être promptement et abondamment pourvus.

Les demandes n'ont point une marche régulière; il faut être en état de répondre à la précipitation des demandes. C'est un moment qui fuit rapidement; c'est un goût qu'il faut saisir au passage.

Mais, en général, pour tous les genres d'industrie, il y a des temps où les demandes sont plus fortes; et il appartient à la science de signaler les principales circonstances qui les font augmenter ou diminuer.

Les ventes se font à termes plus ou moins éloignés, ou au comptant; quelquefois même les fabricans reçoivent des paiemens anticipatifs. Ces divers modes de ventes sont des objets d'une discussion sérieuse pour l'économie manufacturière.

Ce qui ne l'est pas moins, c'est la concurrence. Elle se présente sous tant de faces différentes, et ces faces sont si mobiles, si vacillantes, qu'elles échappent, pour ainsi dire, lorsqu'on veut les saisir.

La concurrence a lieu, soit à l'intérieur, par les nationaux à l'exclusion des étrangers, ou par les uns et les autres ; soit à l'extérieur.

Lorsque les nationaux se présentent seuls sur

les marchés intérieurs, la concurrence peut tourner à l'avantage des consommateurs et de l'industrie même, en tendant tous les ressorts de l'émulation; mais il faut que cette branche d'industrie présente d'assez gros profits, ou bien qu'étant nouvelle pour le pays, elle soit susceptible de plusieurs améliorations importantes.

Et, en général, elle est avantageuse pour l'état, du moins temporairement, lorsqu'elle réagit assez puissamment sur l'industrie, pour exciter les fabricans à chercher les moyens d'exporter une portion de leurs produits.

Mais si les profits d'une industrie sont très-bornés; si elle-même n'est pas susceptible de quelques importantes améliorations, une grande concurrence est mortelle. L'effet de cette concurrence ne s'arrête pas toujours à réduire le nombre des établissemens, et ne se borne pas à ramener ainsi l'équilibre entre la production et la demande : elle paralyse d'abord toute cette branche d'industrie, qui se dégrade, au moins momentanément; et, si elle ne finit pas par s'éteindre, elle languit faute des capitaux qu'on lui refuse.

C'est dans la nature même de ces établissemens, c'est en examinant toutes les circonstances défavorables ou contraires, qu'on peut découvrir les moyens de les soutenir et de renouveler leur activité. Quelques facilités ajoutées aux localités, quelques modifications dans le système de fabrication, suffiraient quelquefois pour laisser à la concurrence tout le bien qu'elle peut faire, et pour s'opposer au mal qu'elle pourrait occasionner.

La vigilance de l'administration publique, dans l'état présent des choses, semble devoir s'exercer sur-tout lorsque les étrangers concourent avec les nationaux sur les marchés intérieurs. Elle doit laisser faire, lorsque de vieilles fabriques luttent entre elles avec parité d'avantages; elle doit secourir, lorsque les étrangers ont des avantages reconnus. La concurrence tue dans une lutte inégale de force et de moyens.

Mais tels droits d'entrée auxquels on peut assujettir tels produits étrangers, suffisent-ils pour en empêcher l'importation, et pour écarter une concurrence décourageante, une concurrence qui détourne d'un genre d'industrie les capitaux nécessaires, et s'oppose invinciblement à l'extension des fabriques nationales? Suffit-il même de frapper ces produits d'une prohibition absolue? C'est à l'économie politique, proprement dite, qu'il appartient de trouver les solutions dont ces questions sont susceptibles, suivant le genre d'industrie, son emplacement et la situation intérieure et politique du pays.

Mais quant à la concurrence dans les marchés étrangers, elle appelle hautement les recherches de l'économie manufacturière.

L'exportation, qui cause cette concurrence, a lieu toutes les fois que les produits abondent tellement dans l'intérieur, qu'il faut les laisser refluer au dehors, si l'on ne veut pas trouver, dans la dégradation du prix, la perte ou du moins le resserrement de l'industrie qui les fournit ; elle a lieu lorsque des circonstances particulières aux localités ont créé la fabrication d'objets recherchés par les étrangers de qui l'on s'est appliqué à suivre le goût; elle a lieu encore lorsque le système de fabrication est tellement perfectionné, qu'on force par-tout la concurrence.

Si la prépondérance d'une fabrique sur les marchés étrangers tient essentiellement aux avantages des localités, elle peut triompher long-temps des efforts de la concurrence étrangère; il n'y a que des événemens politiques, ou l'oubli des principes d'une administration conservatrice, qui puissent lui faire perdre cette prépondérance.

Mais si la faveur dans les marchés étrangers ne repose que sur le bas prix relatif des produits, ou sur une bonne qualité, ou du moins sur une qualité propre aux lieux de consommation, chaque jour de nouvelles difficultés s'élèvent; les chances tournent incessamment, et les moyens de se soustenir sont d'importans sujets d'attention.

Cette faveur n'est pas accordée de prime-abord ; elle est le fruit du temps et d'une confiance méritée. C'est en parcourant la série des améliorations qui ont contribué à captiver la demande et le goût des consommateurs étrangers, et l'histoire même du commerce de cette branche d'industrie, qu'on peut trouver les moyens de fortifier ou de maintenir ses avantages.

Dans les cas, au contraire, où l'on aurait fait des essais malheureux pour s'ouvrir des débouchés à l'extérieur, l'économie manufacturière cherche les raisons qui ont fait avorter des opérations qui auraient pu devenir fructueuses.

Nous arrivons au quatrième sujet exprimé plus haut, savoir : la comptabilité manufacturière sur laquelle nous avons peu de choses à dire ici.

Les règles de cette comptabilité portent principalement sur l'exactitude rigoureuse et persévérante du calcul des frais généraux d'établissement, des frais d'entretien, de réparation, de l'usure graduelle des instrumens, machines, appareils, de tous les élémens des frais d'achats, de vente, d'emmagasinage, de pertes diverses annuelles, etc. La somme de tous ces frais doit être ajoutée aux dépenses directes de fabrication, pour établir avec justesse le prix auquel reviennent les produits fabriqués. L'économie manufacturière montre, par des calculs irréfragables, qu'on ne doit jamais espérer, en général, d'un établissement industriel très-lucratif, plus de 10 à 12 pour cent *net* des capitaux employés par année.

TITRE V.

Suite du précédent; influence de la consommation et du goût sur la production, et réciproquement.

Le producteur ne doit pas perdre un instant de vue la *consommation*, qui est tout à-la-fois la cause et le but de la production. C'est le point de mire de toutes ses opérations et de toutes ses recherches.

La science qui développe les principes de la production serait donc incomplète, si elle négligeait l'étude de la consommation dans ses influences, dans ses goûts, dans ses changemens à diverses époques, et même dans ses aberrations.

Les qualités qui excitent la consommation, ou, si l'on veut, la demande, sont les suivantes ;

Pour les produits directs ou indirects de *nécessité sociale* et d'utilité, autres que les objets alimentaires :

1°. La commodité et la solidité de service, s'ils sont immédiatement usuels et d'un long usage ; tels sont les *meubles ordinaires*, etc. ;

2°. La pureté et l'efficacité au plus haut degré, s'ils servent de matières premières ou secondaires à d'autres travaux ; tels sont le *savon*, *la soude*, etc. ;

3°. La réunion complète de certaines propriétés que requiert l'usage : c'est ce que doivent offrir le *papier*, les *couleurs minérales*, etc.

Pour les produits d'agrément :

1°. La symétrie et l'harmonie des parties, s'ils sont destinés à durer long-temps, comme *certains meubles de luxe*, etc. ;

2°. La variété des formes en général, si, les produits étant de peu de durée, les consommateurs sont dans le cas d'en renouveler souvent l'achat ; telles sont *étoffes pour vêtemens*, etc. ;

Le goût qu'on ne définit point, qu'on se donne encore moins, mais que l'observation développe et que l'étude éclaire, est ici le suprême législateur.

S'il ne reçoit pas de règles pour s'y laisser asservir, il s'en prescrit lui-même pour ne pas s'égarer, pour pouvoir s'abandonner avec sécurité à toutes ses inspirations. Ainsi, par exemple, le Destin, qui pèse immobile sur le genre humain, est représenté sur un socle de forme cubique; et la Fortune, qui semble ne pas s'arrêter dans sa course rapide, pose légèrement le pied sur un globe. Qu'on échange ces deux dispositions; l'on fera un contre-sens absurde, et le goût en sera révolté.

Il en serait de même si, sur-tout pour des objets d'une longue durée, et que la matière et le travail élèvent à un haut prix, on ne s'attachait pas à l'emploi de formes simples et pures, et à présenter un tout dont les parties soient en harmonie, et dans de justes proportions entre elles. Tout ce qui est bizarre, fantasque, compliqué, peut surprendre et étourdir un moment; mais on finit bientôt par le repousser unanimement.

Quant aux produits qui s'offrent successivement à la consommation, sous une grande variété de formes, et avec de fréquentes modifications dans leurs espèces, ils occupent, dans l'immense série des produits industriels, une place d'autant plus grande que le système général de la production est moins perfectionné. Ceci a besoin peut-être d'une courte explication : une consommation forte et constante engage à simplifier les procédés, et convertit les métiers en grandes fabriques. Le travail alors s'y fait avec plus de régularité et d'économie; mais l'on doit s'y borner à un certain nombre de formes assez limité, sous peine d'élever les prix et de ruiner l'établissement par des changemens journaliers et nombreux qu'on serait forcé d'introduire dans les moyens de production.

Ajoutons qu'une découverte qui simplifie les procédés produit les mêmes résultats : là, c'est la consommation qui est cause ; ici, elle est effet.

Les produits qu'on obtient, dans ces deux cas, sortent donc alors de la classe des produits *essentiellement* variables que nous avons maintenant à examiner, et se rapprochent des précédens. Ils ont, en effet, des formes ou des qualités plus fixes; mais ces formes doivent être d'une simplicité élégante, et ces qualités d'une convenance rigoureuse à l'usage général.

Cette simplicité ne fatigue et n'use point le goût; elle se prête d'ailleurs à tous les enjolivemens accessoires que le luxe peut vouloir ajouter à l'objet fabriqué; cette convenance à l'usage, qui, à la vérité, se fonde en partie sur le bas prix relatif, donne l'habitude et le goût de cette nature de consommation.

Il faut dire aussi qu'il y a d'autant plus d'instabilité dans les goûts que l'industrie est moins perfectionnée; et ce n'est que lorsqu'elle est arrivée à un assez haut degré d'avancement, qu'elle réagit puissamment sur la consommation, et qu'elle s'exerce à régler le goût sans l'asservir, en mettant de l'ordre et une sage réserve dans l'art de varier les formes de ses produits. Ceci est le principal objet de ce qu'on peut appeler l'*esthétique industrielle.*

Les élémens de variation des produits sont peu nombreux pour chacun en particulier, ou plutôt, eu égard à la destination particulière de chacun; mais les combinaisons de ces élémens deux à deux, trois à trois, etc., etc., etc., vont à l'infini.

Ces élémens sont : 1°. *les matières brutes elles-mêmes*, telles que le lin, le coton, la laine, etc., pour les tissus; les bois, les métaux, etc., pour les meubles; 2°. *les formes proprement dites*; 3°. *chaque genre de tissus*, simple, croisé, feutré, etc.; 4°. *les dessins* et *les couleurs* de teinture ou d'application.

La science parcourt l'échelle entière des principales combinaisons qu'on a faites, et en outre la route qui conduit à celles qu'on peut faire, *en réalité*, dans l'état présent de l'industrie. Elle montre l'influence qu'elles ont eue et sur la production et sur la consommation, et même les unes sur les autres; ce qui se remarque dans les substitutions de produits qui ont eu lieu, comme par exemple, des papiers de tenture aux tapisseries d'étoffes, de la faïence aux vases d'étain, des toiles peintes aux anciens tissus de laine; elle déduit enfin de ces observations les règles à suivre dans les combinaisons des divers élémens de variation, pour concilier, autant que possible, l'économie de fabrication avec le goût des consommateurs et avec leur amour pour la variété, dans les objets sur-tout qu'ils ont l'habitude de remplacer dans des temps fort courts.

Parmi les établissemens qui fournissent des produits sujets à varier, on en voit qui restent endeçà ou qui vont au-delà de ces règles importantes : les uns sont pour ainsi dire immobiles; c'est toujours la même face qu'ils présentent; nulle variété dans l'emploi ou dans le mode d'emploi des matières brutes, dans les artifices de fabrication, dans les conceptions de dessins et de formes; nulle apparence d'effort pour exciter le goût et pour étendre la consommation; ils ressemblent à un spectacle monotone, usé, ennuyeux, que le public se hâte d'abandonner. Les autres donnent dans l'extrême opposé : ils sont d'une instabilité irréfléchie, ruineuse; ils s'égarent incessamment dans des combinaisons sans ordre et sans méthode; du jour au lendemain ils font vieillir leurs produits, en les variant étourdiment, et fatiguant le goût sans le satisfaire jamais.

Une remarque fondamentale terminera ce que nous avons à dire sous ce titre : les produits manufacturiers n'ont pas, en général, des propriétés *usuelles* absolument exclusives : ils peuvent être remplacés, chacun dans son genre, par des produits analogues dont le fond et la forme sont essentiellement différens. C'est pour cela que l'économie manufacturière, dans les relations de la production à la consommation, doit examiner les produits suivant les qualités qui les font désirer, ainsi que dans les changemens qu'ils ont éprouvés; qu'elle a à chercher les causes de ces changemens, à remonter aux divers degrés d'amélioration qu'ils ont reçus;

qu'elle a enfin à soumettre à une critique étendue les moyens employés à diverses époques pour introduire ces améliorations, et pour opérer ces fréquentes substitutions qui ont eu lieu. Elles sont précieuses à recueillir, les raisons qui semblent avoir fait disparaître des produits qu'on aurait pu continuer à fabriquer, si l'on avait consulté les changemens de besoin et de goûts, suite nécessaire des progrès de l'aisance générale.

TITRE VI ET DERNIER.

Suite du Titre quatrième; des rapports moraux du fabricant avec les ouvriers et avec les consommateurs.

L'économie manufacturière se délivre ici, à la fin de ses recherches, de la sécheresse et de la froideur des calculs de l'intérêt privé; elle peut du moins parler le langage de l'humanité, et montrer le bien-être de l'un dans celui des autres. C'est par ce point qu'elle touche principalement les théories de l'économie politique, qui, mise en possession de son véritable domaine, se fonde bien moins sur des calculs que sur les nobles et généreuses inspirations de l'amour du bien public.

Deux sentimens impérieusement prescrits par une autorité supérieure à toutes les autres, honorent, consacrent et rendent durable le succès d'un établissement industriel : une sollicitude paternelle, active pour le sort présent et futur de l'ouvrier, et une inflexible bonne foi dans les relations de l'établissement.

Ce n'est pas en acquittant avec exactitude le salaire que le fabricant peut se croire dégagé de tout autre devoir envers l'ouvrier qui consacre sa vie à la fortune et au bien-être de celui qui l'emploie. L'ouvrier sera-t-il un *moyen de production* honteusement soumis à un maître, dur dans ses commandemens, injuste et capricieux dans ses décisions? Que deviendra-t-il, lorsqu'une maladie l'éloignera de son travail et le privera, pendant quelque temps, du salaire modique qui y est attaché? Vieilli, épuisé par le travail, traînera-t-il ses infirmités dans l'abandon et la misère, sous les yeux même de ceux qu'il aura enrichis?...... Telles sont les questions qui se présentent, et que l'intérêt privé, à défaut de conscience, résoudrait même contre l'égoïsme et toutes ses influences avilissantes.

Ce n'est pas non plus avec des ruses de fabrication, et encore moins sur la tromperie, qu'on peut élever un établissement prospère : les ruses, la tromperie, se découvrent, et les consommateurs en font justice. La ruine suit de près le mépris et le déshonneur qu'on a mérités.

Le gain est sans doute le but immédiat du fabricant; mais, pour une âme élevée, les bénédictions d'une population d'ouvriers, et la réputation d'un homme de bien, d'une probité austère, ont une valeur que rien ne peut égaler.

L'industrie française nous offre, à ce sujet, de nobles exemples que nous pourrions citer. Puissions-nous les voir se multiplier par-tout, et alors que ne devront point, à l'industrie, l'ordre public et les mœurs du peuple manufacturier! Mais, le temps en est venu, et tel est l'accord des lumières et du sentiment de la dignité morale de l'homme, il y aura autant d'imitateurs que de fabricans profondément éclairés!

FIN.

TABLE.

FIN DE LA TABLE.

Tableau Synoptique de Technonomie.

La TECHNONOMIE se partage en deux grandes Divisions fondamentales, SAVOIR :

Ire. DIVISION :

Elle a pour objet l'exposition des divers systèmes de travail industriel et des principes généraux qui les régissent.
Ce travail présente deux modes généraux, qui sont :

- 1°. Les métiers qui consistent dans de simples opérations de la main armée le plus ordinairement d'un outil dirigé avec plus ou moins d'attention,
  Ils se divisent :
  - 1°. D'après leurs procédés, en trois classes distinctes, SAVOIR :
    - 1re. Classe. Ceux qui exigent essentiellement une attention soutenue de la part de l'ouvrier, depuis le commencement jusqu'à la fin de l'ouvrage.
    - 2me. Classe. Ceux qui se pratiquent en totalité, comme machinalement, par l'habitude ou par une sorte d'habileté, acquises dans un apprentissage plus ou moins long.
    - 3me. Classe. Ceux qui se composent de plusieurs parties dont les unes exigent une attention constante et forcée, et les autres n'en exigent point.
  - 2°. D'après leurs produits qui sont :
    - 1°. Essentiellement et indéfiniment variables de formes ou de dimensions.
    - 2°. Ou susceptibles d'admettre des formes et des dimensions constantes, ou de se renfermer dans un cercle de variations qu'on peut déterminer à l'avance.
    - 3°. Ou composés de parties variables indéfiniment et de parties invariables ou variant peu par leurs qualités.
    - 4°. Ou enfin ceux qu'on ne peut créer que sur place d'une manière variable et indéterminée.
- 2°. Les fabriques, usines ou manufactures, qui consistent en un certain nombre d'opérations simultanées, exercées de concert par des agens divers.
  On y emploie deux espèces d'agens, SAVOIR :
  - Les agens mécaniques, qui sont destinés à suppléer à la force motrice de l'homme et à imiter l'adresse de la main-d'œuvre.
    On considère leurs opérations sous trois rapports généraux, SAVOIR :
    - 1°. Les moteurs et leurs modes d'applications, qui sont :
      - L'Homme. Les différens moyens d'employer son action comme moteur, et les différentes variétés de construction dont chaque moyen est susceptible, tels que les moyens de le faire travailler debout ou assis, avec les bras seulement, ou avec les bras et les jambes, ou enfin par son propre poids, pour produire les mouvemens rectilignes ou curvilignes quelconques, suivant différens degrés de vitesse, en différens plans, avec ou sans intermittence.
      - Les Animaux. Les différens moyens de les employer comme moteurs, parmi lesquels on citera les diverses espèces de manège, les roues à tambour, et les différens systèmes de voitures, etc.
      - Les Poids. Les moyens d'employer l'action de la pesanteur, ou par la chute libre des corps, ou par le pendule, ou enfin par la chute graduelle des poids moufflés.
      - L'Eau. Les moyens d'employer son action mécanique, soit qu'on la fasse agir par son poids, soit lorsqu'elle est en mouvement, par une sorte de pression ou par percussion, tels que les balanciers et bascules hydrauliques, les machines à flotteur et à colonnes d'eau, les divers systèmes de roues et de volans hydrauliques, etc.
      - Le Vent. Les moyens d'employer son action, tels que les divers systèmes de voilure et de moulins à vent, verticaux, horizontaux ou inclinés à l'horizon.
      - La Dilatation des Corps solides et liquides. Les moyens d'employer leur simple dilatation comme force motrice : on ne connaît guère que l'appareil de M. Bonnemain.
      - Les Corps combustibles et liquides réduits en vapeur ou en gaz. Les moyens d'employer la force d'expansion des corps combustibles qu'on réduit en gaz ou des liquides qu'on réduit en vapeurs, ou des gaz dont on augmente subitement le volume par la chaleur : tels que les différens systèmes de machines à vapeur, à poudres détonnantes, comme les armes à feu, à poudre combustible réduite en expansion par le feu, comme la machine de M. Nieper, à air dilaté comme la machine de M. Cagniard-Latour, etc.
      - Les Combinaisons des Moteurs entre eux ou Forces motrices composées. Les différens moyens de les employer : on citera parmi les plus simples l'élasticité des ressorts, et de l'air atmosphérique, les combinaisons de l'action de l'air et de l'eau, à froid et à chaud, de la vapeur et de l'air, etc.
    - 2°. Les moyens de transformer le mouvement primitif des moteurs.
      - 1re. Série. Mécanismes ayant pour objet la transmission pure et simple du mouvement-moteur à diverses distances sans le changer en aucune manière, ou bien en changeant seulement sa direction ; et ceux ayant pour objet de modifier la vitesse du mouvement-moteur sans changer ou en changeant en même temps sa direction ; telles que les combinaisons de leviers, de poulies, les diverses espèces d'engrenage, etc.
      - 2me. Série. Mécanismes de transformation se subdivisant en deux genres principaux : le premier genre comprend les mécanismes destinés à convertir 1°. le mouvement rectiligne en mouvement de rotation continu, ou en mouvement de va-et-vient par arcs de cercles, de diverses amplitudes avec ou sans réciprocité ; et 2°. le mouvement de rotation continu ou le mouvement dont le développement est capable de courbes de diverses formes ; le deuxième genre comprend les mécanismes destinés non pas à changer seulement la direction du mouvement primitif, mais bien la nature de ce mouvement : tels que les mécanismes propres à régulariser l'action du moteur, à la suspendre à des intervalles déterminés, à l'accélérer ou à la retarder par progressions rigoureusement définies, à augmenter ou diminuer le développement de cette action suivant des lois données ; tels que les mécanismes qui changent la percussion d'un moteur en pression ou réciproquement, et ceux qui ont pour objet d'accumuler les efforts successifs d'un moteur pour les déployer simultanément sur un point déterminé, ou d'éparpiller, en répandre par divers canaux et en temps divers l'action unique et instantanée d'un mouvement moteur, etc., etc., etc.
    - 3°. Les moyens d'exécuter immédiatement les travaux mécaniques de l'industrie.
      - 1re. Série. Déplacement ou soulèvement des fardeaux. Les grues, les crics, etc.
      - 2me. Série. Division des matières solides, soit par percussion, comme les bocards, etc., soit par le frottement comme les moulins à farines, à tan, à huile, à [illegible] machines à scier, à fendre ou à diviser [illegible]
      - 3me. Série. Opérations de percussion ou de fortes compressions pour ébaucher, aplatir, emprunter ou estamper : les moutons, les presses, les martinets, les laminoirs à flans, etc.
      - 4me. Série. [illegible], etc.
      - 6me. Série. Élévation de l'eau du sein de la terre, ou au-dessus de sa surface, et moyens de la conserver ou l'élever au niveau : les pompes, les moulins à chapelets, les norias, le bélier hydraulique, les digues, etc.
      - 7me. Série. Compression, renouvellement et transmission de l'air pour le renouveler ou pour exciter l'action du feu : les ventilateurs, les soufflets, les caves à air, les trombes, etc.
      - 8me. Série. Division des matières végétales et animales filamenteuses : machines à nettoyer, à battre, à carder, à peigner, etc.
      - 9me. Série. Extension, distribution et torsion des matières filamenteuses : machines à filer, à bobiner, à retordre, à câbler, etc.
      - 10me. Série. Apprêts des fils et formation de tissus : dévidoirs, bobinoirs, ourdissoirs, les divers systèmes de métiers à tisser, à faire des bas, du tulle, des filets, des cordons, des lacets, etc.
      - 11me. Série. Apprêts de toute espèce pour les étoffes : machines à laîner, à tondre, à calandrer, à ramer, à satiner, à lustrer, à rouler, etc.
      - 12me. Série. Polissage des matières dures : machines à polir le verre, le marbre, les métaux, etc.
      - 13me. Série. Machines et instrumens pour estimer les poids, les capacités, les forces et les ténacités : balances, dynamomètres, anémomètres, aréomètres, compte-fils.
      - 14me. Série. Machines et instrumens destinés principalement à l'agriculture et au jardinage.
      - 15me. Série. Enfin machines et instrumens qui, ayant pour objet divers travaux particuliers, ne peuvent trouver place dans les séries précédentes ; telles que, par exemple, les diverses machines à faire les cardes, les clous, les épingles, les vis, à raper ou à raboter les canons de fusil, à tailler les limes, à imprimer, les machines de polytypage.
  - Les agens chimiques qui sont destinés à opérer des combinaisons et des décompositions de substances que présente la nature.
    On considère aussi leurs opérations sous trois rapports généraux, SAVOIR :
    - 1°. Les agens eux-mêmes qui sont de deux sortes.
      - 1°. Les agens généraux, savoir : la force de combinaison inhérente à la nature des corps, et le calorique.
      - 2°. Les agens particuliers : l'air, l'eau, les combustibles, et autres substances que l'industrie chimique emploie.
    - 2°. Leurs fonctions ou leurs modes d'opérations dans les arts ainsi que les appareils qui y servent.
      - 1°. Le lavage, l'infusion, la lixiviation, la solution, la dissolution et la décoction.
      - 2°. La filtration, la décantation, la clarification et la précipitation.
      - 3°. La combustion sous le double rapport de l'éclairage et du chauffage.
      - 4°. La dessiccation à chaud ou à froid.
      - 5°. L'évaporation et la vaporisation, la cristallisation et la distillation.
      - 6°. La carbonisation, la calcination et le grillage.
      - 7°. La fusion, la sublimation et la vitrification.
      - 8°. Enfin l'oxidation, l'alliage, l'affinage, le départ des métaux, etc.
    - 3°. Les objets généraux du travail chimique.
      - 1°. Les préparations préalables et fondamentales à faire subir aux substances qui doivent agir les unes sur les autres, et la séparation de celles qui ne sont point unies chimiquement.
      - 2°. Extraire d'une combinaison naturelle un corps ou un produit de nécessité, d'utilité ou d'agrément.
      - 3°. Former des produits nouveaux soit avec les principes constituans plus ou moins composés, et extraits préalablement des combinaisons naturelles, soit en opérant simultanément la désunion des principes constituans d'une ou de plusieurs combinaisons naturelles, pour les réunir en une combinaison nouvelle.
      - 4°. Enlever à des matières brutes ou déjà préparées quelques substances qui s'opposent ou à leur consommation dans cet état, ou à leur emploi dans les travaux ultérieurs.
      - 5°. Enfin la recherche des moyens les plus expéditifs, les plus économiques, et les plus efficaces, pour atteindre le but que chaque opération chimique se propose.

IIme. DIVISION :

Elle expose les principes qui gouvernent la conduite économique du travail, en un mot, les principes de l'économie manufacturière.
Elle considère :

- 1°. Le travail en général sous le rapport économique.
- 2°. Les divers modes de production manufacturière, sous le même rapport.
- 3°. Les règles pour la formation des établissemens industriels et l'influence des localités sur ces établissemens.
- 4°. La statistique industrielle.
- 5°. La direction spéciale de la fabrication proprement dite.
- 6°. Les divers systèmes d'achats de matières premières, et de ventes des produits fabriqués.
- 7°. La comptabilité manufacturière.
- 8°. L'influence de la consommation et du goût sur le système de fabrication et réciproquement, ou l'*esthétique industrielle*.
- 9°. Enfin les rapports moraux du chef d'entreprise avec les ouvriers, ainsi qu'avec les consommateurs.

www.ingramcontent.com/pod-product-compliance
Ingram Content Group UK Ltd.
Pitfield, Milton Keynes, MK11 3LW, UK
UKHW020336230726
13925UKWH00002B/822